U0059605

愛犬 *Dog Tricks* 特訓班

Fun and games for your clever canine

目　錄

Contents

輕鬆學習小把戲

教導狗狗小把戲，不但樂趣無窮、自娛娛人之外，還給你一個機會，跟別人炫耀一下自家愛犬的真本領。除此之外，小把戲對狗狗來說，也會在身體上和心理上雙重受益。更重要的是，你們這對超級組合，除了感情明顯加溫之外，你會發現，你們對彼此的了解和信賴更與日俱增，也會更懂得享受專屬的「兩人世界」！

小把戲，對於有責任心的主人來說，其實是寵物既有訓練的延伸。它只是將狗狗原本所會的才能，提升到表演的層次。如果你仔細觀察狗狗們一起玩耍的情形，你會發現，牠們自然而然就做出許多這本書所教的把戲。狗狗的這些本能行為，往往在由人們單獨飼養的時候遺忘；但同樣的，運用訓練的方式，也可以輕易地重新喚回。

狗狗的腦筋超好，時常需要找點事做；但日常事務往往缺乏挑戰性，所以牠們會沒事找事做，想辦法刺激一下自己的腦力。如此一來，許多狗狗的問題行為，都來自於百般無聊，以及累積的苦悶所引起的。藉由教導新把戲，你可以給狗狗很多動腦筋的機會，預防牠做出異常的行為，甚至更進一步地幫助解決已經存在的問題。俗話說的好，狗是人類最好的朋友，如果你能教牠們一些基本的才藝跟本領，牠們將會成為一個更棒的朋友。

無論如何，沒有耕耘，就沒有收穫。你得要每天挪出一點時間在牠們身上，才能獲得豐碩的成果。其實只要你肯三不五時的花個五分鐘，或有多餘的時間再多加強一點訓練，就可以看到明顯的成績了。訓練的過程裡，只要遇到困惑，記得參考 19 頁上的訓練要點，在問題演變成難以克服的難題之前，盡早根除。

養狗的目的，就是建立雙方良性互動的關係。

小把戲對愛犬的好處

- 和主人相處的美好時光
- 動腦筋的好機會
- 鍛鍊體能以及增加靈活性
- 樂趣多多、零嘴多多
- 有一位快樂的主人

小把戲對主人的好處

- 和愛犬相處的美好時光
- 看著狗狗自信、愛現，所獲得的心理回報
- 發現愛犬多麼聰明的意外驚喜
- 兩人世界、無比歡樂
- 有一隻更活潑、聽話、快樂的狗

受過訓練、活躍的狗是
最幸福的。

多多鼓勵、不再責罰

　　訓練動物小把戲，在過去幾年曾
遭受抨擊，倒不是因為把戲本身有什
麼問題，而是因為不當的訓練方式。
在此特別說明，本書裡所推薦的現代
化訓練方法，強調的是「沒有懲罰，
只有獎賞跟鼓勵」。此外，優秀的訓
練師也會學習如何因材施教，發揮狗
狗的最大潛能。因此不難想像，狗狗
可以盡情地享受學習新把戲的過程，
並且積極地表現自己的能力，希望贏
得更多嘉獎。

團隊合作效果好。

準確評量，邁向成功

你跟狗狗準備好要學習新的本領了嗎？搞不好，你早就對某些狗把戲心有所屬，那太好了！只要有熱情，就是好的開始，而好的開始，已經是成功的一半。首先，我們要知道，不同的品種對於不同的把戲和訓練方式影響極大。狗狗有著不同的身形、大小、品種、年紀以及能力，所以儘管絕大部分的狗都具備成功受訓的能力，但若能從一開始就把這些基本特質列入考量，那訓練必定能馬到成功。

年紀

誰說老狗學不了新把戲？事實正好相反，沒有任何的狗，會老到學不了新把戲。不過，得先評估一下牠過去已經受過的訓練，加上牠目前的體能和健康情況。比方說某隻狗，牠的臀部僵硬，加上過去很少受過訓練，那牠學習後退走（86頁）的技巧，必定不如學習握手（36頁）來得容易。同樣的，年紀小的狗或幼犬不論體能或心智的成熟度，都難以完成某些特定動作。尤其是那些需要後腿跳躍或者豎直上身的姿勢。在這種情況下，應該先將精力投入於其他的把戲上，從而漸進式培養、開發其他本領。

類型或品種

狗狗的類型，也會影響牠哪些把戲在行，而哪些把戲做起來比較棘手。比方說，體型較小的狗，通常對於豎直上身的動作，像是用後腳站立，做起來較不費力，而大型犬則完全相反。不過，規則中總是有些例外，像是一隻十二歲的鬥牛犬（Bulldog），牠就可以輕而易舉地做出雙手擊掌（44頁）和匍伏後退的動作，儘管牠的先天條件並不利於這兩樣動作。

邊境牧羊犬（Boarder Collies），由於牠們聰慧，加上極具取悅主人的意願，所以被公認為是專業訓練中的頂尖犬種。然而，即便牠們非常聰明，又身為精英品種，卻喜歡主人給予明確的指示和所要求的動作。不像有些品種或混種，比較願意自己去動腦筋、想法子。所以不論你的狗是什麼身形、類型或品種，大膽實驗一下，你可能會很驚訝，在下一點小功夫後，所帶給你的驚人成果。

左撇子還是右撇子

狗狗就跟人一樣，也分左撇子跟右撇子喔！你會察覺有些動作對狗狗的某一腳容易些，而對另一腳來說就比較困難。觀察你家愛犬的動作，來找出牠是左撇子還是右撇子。這樣你可以從牠比較靈活的那一腳開始訓練，幫助牠學起來更得心應「腳」。同樣的，記得兩邊都要訓練，才能鍛鍊牠的平衡感以及靈活度。

早期的訓練多半透過遊戲來達成，並且隨著狗狗的成長而與日俱進。

任何體型或品種的狗，
都有適合的小把戲。

從一開始就要記得
分開遊戲時間和訓
練時間，以減少雙
方的挫敗感。

在哪裡訓練你家狗狗

　　在家裡或是後院裡，都可以輕鬆地開始
訓練。當你跟狗狗建立更多的信心後，就可
在外出溜狗的時候練習。在家裡的時候，狗
狗應該很輕鬆自在，並且注意力集中。找一
個不會滑、較軟的地板，像是舖了地毯的
房間，這樣狗狗會感覺腳步比較穩。另外，
當你要求牠躺下時，牠也會覺得舒適。務必

確定你給狗狗足夠的空間，讓牠能自在地活
動，而不會撞到傢俱。同時，也可以輕易地
找到你丟給牠的零嘴。另外，剛開始時，可
找一個安靜密閉的空間，有助於牠專心。當
狗狗有進步之後，就可以進階的移到一些會
讓牠分心的地方做練習。

準備工具

工欲善其事，必先利其器！訓練狗狗也不例外。有些必備的工具，你可能已經有了，而其他的，在你邁入高階的訓練之前，暫時不需要。

項圈和狗鍊

狗鍊，只在狗狗進行基本訓練（20 頁）的階段會用到。大多數的把戲訓練，最好是不栓狗鍊。選擇一個皮質的項圈，粗細要能適合牠的脖子，並且調整到能放下兩根手指頭的鬆緊度。狗鍊的話，你手握起來要舒適，粗細和長度要適合牠的尺寸，注意！繩子不要過長，要在你能輕鬆拉回的範圍內。

狗玩具

你家裡可能已經有些玩具，而你也知道哪個是牠的最愛。可以拉扯的玩具就很適合拿來做訓練，只要狗狗喜歡，在玩耍之後，牠還樂意將它歸還到你手上的就很適合。選出幾個牠偏愛的玩具，專門在做訓練用。

零嘴獎品

選出幾種令愛犬垂涎的「高檔零嘴」。一般像是煮熟的肉類、起司或熱狗，最為推薦。待會在第 12 頁，你可以參考更多關於零嘴的選擇跟使用。

零嘴袋或零食罐

掛在腰間的零嘴袋，是最理想的選擇。不管走到哪裡，你都可以方便的拿取，而不需佔用到雙手。當然，在腳邊放個滿滿的零食罐也可以。

響片

一個小型握在手中的工具。中央有一個金屬彈片，按下時，它會發出卡噠聲。這是當狗狗做對動作時，你用來告訴牠的訊號聲

項圈及狗鍊

零嘴

玩具

目標棒

響片

球

籃子

竿子和圓椎底座

幼犬柵欄

（參考 16 頁）。方形響片的彈片在正中央，以大拇指來按壓，而按鈕式響片有個按鈕，方便放置於腳下按壓。

幼犬柵欄

由數片可栓扣的鐵絲柵欄所構成，可以調整成多種形狀。它雖然原先是設計用來隔離搗蛋的幼犬，但也被利用來教導一些較高階的技能。無論如何，你都可以拿現成的工具來臨場發揮。

目標記號以及目標棒

有些訓練使用目標物會更有效，它可以讓狗狗有明確的點去碰觸，或者跟隨。目標記號，可以是張小地墊、塑膠蓋、或者一塊平的木板，它通常用來指示一個定點（參考 101 頁及 103 頁）。一個目標棒像是（左頁）圖片中一個可伸縮的細棒子，末端加上各種輔助物，像是小球或長方形的塑膠平板或木頭（參考 101 頁或 102 頁），可以用來指引狗狗新的動作。

桿子以及跨欄

當你想訓練狗狗穿梭行走，以及和桿子相關的技巧，或者跳躍的時候，會用到這些。你可以購買專門針對敏捷度訓練所設計的桿子和圓錐底座上。它是兩用的竿子，可以豎直插在圓椎底座上，來訓練穿梭行走；也可以水平橫放，形成跨欄。你也可以自己用小掃帚的竿子，固定在重一點的底座裡，這樣就不容易被撞翻。相反的，製作橫放跨欄時，則要用能輕鬆被撞倒的竿子，像是細竹竿，以避免對狗狗造成傷害。

其他道具

本書上我們還使用了套環、枴杖、籃子、滑板、毯子、球和垃圾桶來當道具。你可以自由地運用手邊現成的物品，來配合訓練，充分發揮你的想像力吧！

食物是最好的獎勵

絕大多數的狗都是愛吃鬼，為了食物，幾乎願意付出一切。甚至有些對於零嘴不感興趣的狗，一旦品嚐過「高檔」零嘴，並且領教過按「工」計酬的滋味後，牠們也會變得愈來愈熱衷於訓練。就跟人一樣，狗狗也是喜歡錢多事少的工作喔。

針對訓練來說，以食物來做獎賞是最有效的，因為食物對狗來說無比誘人。選擇不會碎裂，丟到地板上也容易看得見的食物，然後切成拇指指甲大小的方塊狀。對於所選的食物，進行所謂「三秒鐘」測試：當你把這個食物丟給狗狗時，牠是否能夠，並且很樂意在三秒鐘內咬起來同時吞下它。

食物的運用

用食物訓練狗狗時，有兩種方式可使用：第一種是在狗狗答對的時候，用來獎勵牠。當牠正確的做出了你要求動作時，立即從手中給出，或者丟出都可以。當狗狗在距離之外完成動作時，為了更快的獎勵牠們，可以採用丟的方式。此外，這種方式，也能防止牠們不斷期望食物從你手中產生的狀況。

大部分的狗都是愛吃鬼，只要給的待遇夠好，牠們很樂意為「食」工作。

1 香腸
2 熱狗
3 硬度恰當的起司
4 羊肝

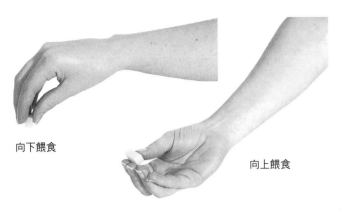

向下餵食　　　向上餵食

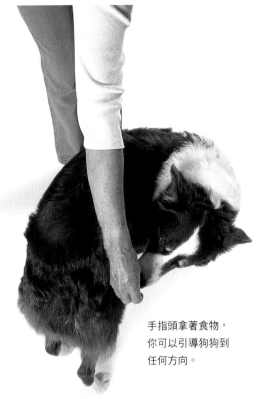

手指頭拿著食物，
你可以引導狗狗到
任何方向。

第二種在訓練中運用食物的方式是：用食物來告訴狗狗，你要牠做什麼，這叫做誘導。用手指頭拿好一個美味的零嘴，接近牠的鼻子，誘使牠的鼻子跟隨你的手到達一個定點，或者到某個訓練的動作上。測試看看，你手的位置是如何帶動狗狗身體的移動。狗狗鼻子的所在位置，通常決定了整個身體的移動方向。比方說，若你讓牠鼻子抬高、朝上，那牠的尾巴就會很自然地會往下垂，這可以簡單地應用在狗狗坐下的訓練上。要想成功地進行誘導，試著練習向下餵食（上圖左）和向上餵食（上圖右）兩種餵食手法。

即便誘導本身可以單獨作為訓練技法，但若能同時搭配響片訓練法（詳見 16 頁），將能達到事半功倍的效果。

正確的獎勵辦法

很多飼主發現，愛犬只會在有食物的前提下工作。其實，這多半是因為狗狗在「低報酬」的情況下被要求工作，或者是主人在牠們一學會新的把戲之後，太快停止獎賞。狗狗其實很快就能搞清楚，主人是不是「給得起」。記得，你一定要大方地獎勵你的狗，尤其是在訓練的初期，這樣牠才會明白，所有的努力和付出都是值得的。漸漸地，當牠學會了一個把戲，同時發現其中的樂趣時，再慢慢地減少獎賞。有些時候，隨機性的給予獎品，或者要求牠們做更多來回報你，這樣會讓牠們不斷地猜想並滿心期待──不知道這次的努力，會得到什麼獎賞。

訓練要訣

- 誘導需要狗狗注視著食物，而不能用手去抓取食物。緊緊地把零嘴夾在手指之間，小心避免被牠叼走，讓狗狗能聞得到，卻拿不到。保持手部的平穩，慢慢的等候牠停止咬抓的意圖。當牠做出些微後退的動作時，馬上給牠獎賞。反覆幾次這個動作，牠很快的就會曉得，想得到獎品的最輕鬆方式，其實是耐性等待。

- 避免讓食物碎屑掉落在地上，狗狗會馬上學會四處找尋「免費贈品」，而不是找尋主人。

- 確保你是在場唯一而且最佳的食物來源，這樣狗狗就不會想去其他地方找零嘴吃。

愛犬溝通術

狗狗是身體語言的專家，但很可惜我們人類卻不是。主人時常自認為已經表達得夠清楚，而且多半是透過聲音。但是對狗狗來說，主人的身體，反而能傳達出截然不同的訊號。

要成功訓練狗狗，你必須清楚且具一致地表達自己要什麼。若你能在這一點上得心應手，牠們則能更輕鬆且更快速地學會。正如同聲音的表達和身體語言一樣，我們還可以運用表情、觸碰和手勢，還有貫穿本書所談的響片，來進行訓練。

身體語言

狗狗看得到你身體的剪影，所以要試著盡量保持你身體清楚的線條。當你訓練狗狗時，盡量使用較靠近牠的手來誘導或發號指令，而不要把手橫跨過身體來發號指令。狗經常會忽略主人所自認為給出的訊號，而自己察覺一些更為細膩的暗示。除此之外，也要注意你的動作是如何影響牠。比如說，若你擋到了牠的路，狗狗會遲疑是不是該向你靠近；或者，身體太過於靠向牠，狗狗會覺得備受威脅，尤其是對幼犬或小型犬來說。這時，可以降低身子，試著跪坐下來。同時，確定你給予狗狗足夠的空間，來完成所要求的動作。

吠叫的涵義

吠叫往往是一隻困惑，或者受挫的狗，呈現出來的應對方式。這是狗狗「要求更多」，來協助牠們明白「主人到底要自己做什麼」的線索。不要重複相同的提示，試著先回到上一個牠能理解的步驟，然後再給牠進一步的指令。同時，檢驗一下自己所給的指令是否清楚易懂。

用比較靠近狗狗的手，來誘導或是發號指令，避免狗狗混淆手勢。

訓練小型犬或幼犬時，降低身子以符合牠們的高度。

手勢

開始訓練時，先用比較大的動作來提示，然後再慢慢的縮小動作，這能幫助你清楚傳達訊號，而狗狗也比較容易領悟。若用手勢作為把戲的提示，採用的手勢則要明顯，容易分辨。

聲音

小心選擇口頭指令。為了避免狗狗產生混淆的情況，盡量選擇簡短的字句，像是「敬禮」和「趴下」等短句。另外，區別一下指令的音調，要牠做上揚型的動作時，最好搭配高音調，而要做向下或壓低的動作時，則配合使用低音調。

在指令慢慢演化到幾乎看不見之前，先採用大一點的動作來提示訊號。

什麼是響片訓練法？

如果你只聽說過傳統的動物訓練方法，現在，準備好迎接這種讓你眼睛一亮，覺得新奇有趣，並且效果明顯的「響片訓練」。別急著評論它是否是個廣告噱頭，就連有些非常刁鑽的專業人士，在看過它的實際效果之後都佩服不已。這種訓練方式，是由海豚訓練師凱倫布萊爾（Karen Pryor）所發明，隨後一直應用在訓練狗狗身上，它也對於狗狗現有的訓練方式，激發出一股突飛猛進的進展。你想知道，為什麼這種訓練法如此管用嗎？主要有五個原因：

1. 狗狗很快便學會，聽到喀噠聲就表示會有獎品。
2. 你可以用響片來標示出狗狗正確的行為或表現。
3. 響片的按壓有其一致性，狗狗易於了解。
4. 響片扮演著狗狗的行為跟獎勵之間的橋樑，用來告訴狗狗牠做對了。一個喀噠聲，對狗狗來說就保證了一個獎賞。這點極為重要，尤其有時候當狗狗在比較遠的距離做訓練，或者正在做動作，為了避免打斷牠，而獎品沒有馬上給牠的時候，響片所保證的獎賞，可以讓狗狗更專注於表演。

響片

方塊響片最為常見（參考第 10 頁）。簡單的用大拇指壓下中央的金屬彈簧片，然後放開，彈片則會發出一個喀噠聲。盡量以離狗狗比較遠的手握住響片，而用比較靠近狗狗的手握住食物，避免響片拿得太靠近狗狗的耳朵。

5. 狗狗被鼓勵去動腦，來想出做正確的動作，而不是像鸚鵡般的模仿。這樣一來，牠會主動的參與，達到寓教於樂的效果。

響片訓練主要教導狗狗自己思考，並且參與整個訓練的過程，讓狗狗能夠邊玩邊學。絕對不需懲罰，而是提供狗狗錯了再試一下，或是做對的時候接受表揚的機會。如此一來，牠便能建立無比的信心，接受挑戰。響片訓練能讓最安靜、內向且不好意思在人前表現的狗兒，變成信心十足的街頭藝術家！下圖的喜樂蒂就是這樣的例子，牠從原本心不甘情不願，變成一隻在英國克魯夫名犬賽（Crufts）中，積極參與演出的好選手。

響片訓練法不僅加強狗狗的自信心，同時也豐富牠的特技寶庫。

雖然零嘴可說是訓練多數狗狗最有效的獎品，但有些狗狗更難抵擋玩具的誘惑唷！

- 當你使用響片做訓練時，可能會考慮是不是也應該加上自己的聲音。不用擔心，響片發出的喀噠聲，本身就是讚美聲。即便後續我們會加入口頭指令，但是，這個口頭的指令，也只使用在整套動作完成的情況之下。

- 一個喀噠聲，保證附帶一個獎賞。雖說絕大部分的狗都樂意為食物而工作，但有時候除了食物之外，給牠時間玩玩具，或者拍拍牠、抱抱牠，也都可以視為一種獎賞。

響片訓練小把戲

本書裡所有的特技訓練，都以相同的基本訓練步驟為基礎，一旦你跟愛犬熟悉了這些基本功，接下來的變化對你們來說，簡直易如反掌。

誘導狗狗表演某個要求動作。

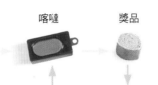
喀噠　　獎品

反覆練習，直到狗狗可以根據你的手勢訊號做出動作，而不再需要食物做誘導。

當狗狗了解這個把戲後，加入一個口頭指令。

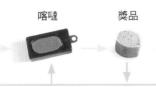
喀噠　　獎品

反覆練習，直到狗狗聽到你的口頭指令，就能表演，而不再需要你的手勢訊號。

若需要，可以附加一個簡潔的視覺提示。

喀噠一聲好運到

當狗狗理解到，喀噠聲總是帶來小獎品後，你幾乎是握住點石成金的魔棒了。當你看到狗狗自發性的出現一些有趣的動作時，你可以用響片來「捕捉」這些瞬間。比方說，當狗狗伸懶腰或搖搖頭時，按一下響片，然後給牠獎品。狗狗會很快地意識到做出這個動作所帶來的好處，並會嘗試再次複製這個動作。務必記住，當你按下響片時，狗狗做出的所有動作，牠可能都會嘗試去複製。比方說，當牠搖尾巴時，你按了一下響片，在此同時牠也在吠叫。這種情況下，你可能不小心地鼓勵牠吠叫的行為。不過，別擔心，這些不良的行為，要移除也很簡單，只要以後牠吠叫的時候，不要再按響片就可以了。

響片訓練小特技

訓練重點

- 訓練狗狗每一次聽到了喀噠聲，牠就會在五秒之內，從你手上得到至少一個的獎品。這個訓練只需花個幾分鐘，或者重複大約 20 次的獎賞就可以了。

現在你已經知道什麼是響片了，以及它可以為你跟狗狗帶來的好處，當你親眼看到成果時，絕對會愛不釋手。不過，前提是：你也要讓狗狗明白這個「響片」對牠的重要性。

一剛開始，喀噠聲對於愛犬來說，沒有任何的意義。牠可能會東張西望，納悶那是啥玩意，所以你必須教導牠，這個喀噠聲是一個正面、有報酬的、非常值得牠回應的一個聲音。藉著這個簡單卻非常關鍵的訓練，為未來所有的訓練紮好根基，引向正軌。

 把狗叫到面前，並且給牠幾塊零嘴，讓牠知道你手上有好吃的東西。

② 一手拿著響片，一手拿著零嘴。現在，按一下響片，然後馬上給牠一個零嘴。重覆幾次，試著在牠注視著你的時候，才按響片。不用多久，你會開始發現，狗狗每次聽到響片喀噠一聲時，就會難掩心中的喜悅，同時一邊盯著你，一邊期待著即將出現的零嘴。

③ 試著把零嘴丟在地板上，在狗狗要去吃之前，按壓一下響片，並重複幾次。

④ 現在來測試一下，狗狗是不是真的理解這個「喀噠一聲＝獎品」的訓練。選一個牠本來就會的簡單指令，像是坐下。當牠坐下時，按壓一下響片，然後獎賞牠。接下來，稍微離開牠幾步，一般來說，牠會急忙的跟上你，想要更多的食物。這時候，再試著叫牠坐下。當牠一坐下，就按一下響片，然後給牠零嘴。最後再一次移開幾步，但這次不出聲，牠應該已經曉得跟過來之後，主動坐在你身邊。這時候，馬上按一下響片，給牠獎品。恭喜你！你已經出師了！

訓練要訣

當你嘗試書中的訓練時，有時候會發現情況無法盡如人意。一旦有任何出槌時，別忘了回到這一頁，相信看看這些要訣，一定能夠帶領你再次走向成功之路。

☑ 喀噠聲永遠保證至少一個獎品。

☑ 看到狗狗動作正確時，立即按下響片，然後獎賞。

☑ 只使用「高檔」食物當獎賞，而且份量要充足（參考 12 頁）。

☑ 每次只按壓一次響片，即便你多給了狗狗獎品。

☑ 給狗狗足夠的時間，讓牠思考一下你要求的動作。

☑ 漸進式學習法：一開始訓練新把戲時，在完成目標動作前，獎勵牠能做出來的每個小步驟。舉例說，「站立轉身」的訓練開始時，牠一定沒法馬上轉身，所以當牠試著扭動頭部時，就可以按下響片鼓勵牠。漸漸地增加動作，到最後，在牠能轉身一整圈之後，才給一個響片做鼓勵。

☑ 讓狗狗去猜一猜，什麼時候，有多少的獎品牠會得到。雖然獎賞多半是反應牠付出的成果，但有時候，狗狗表現得特別好，不妨給個重賞。而有些時候，要求狗狗反覆做幾次動作後，再給牠獎品。

☑ 避免總是在動作的結束點上按壓響片，這樣狗狗會養成做完就停止的習慣。比方說進行「跑圈訓練」時，有時在牠跑了半圈時按下響片鼓勵，有時在牠跑了一圈半之後，再按響片。

☑ 什麼時候按下響片，就會得到什麼動作，所以要好好掌握你按下響片的時機。

☑ 自己實驗一下！響片訓練變化萬千，意想不到的絕技，會在你的廣泛嘗試之下研發出來。實驗只有好處沒有壞處，即便不小心鼓勵了狗狗錯誤的行為，也可以很簡單的調整回來。

這邊請

⭐ **鬆弛狗鍊治療法**

溜狗時,用狗鍊拴綁狗狗的不同方式,會影響牠對每種狀況的不同反應方式。對於一隻大膽好鬥的狗來說,栓緊的狗鍊,給了牠較強的信心,因為牠會覺得有主人在身邊撐腰。在鬆弛狗鍊的狀況下,牠反而會比較沒自信。另外,對於容易緊張的狗來說,拴緊的狗鍊會讓牠更緊張,因為牠會感受到主人的擔心,無形中接收到緊張感。對於這種狗,鬆弛的狗鍊,會讓牠們更有自信。

狗狗緊扯狗鍊,拖著歪歪斜斜、跟蹌行走的你,這是你溜狗的寫照嗎?要成功訓練愛犬,第一件事是要牠靠近你,第二是牠要能注意你。一隻總是在狗鍊另一端注視其他方向的狗,實在很難學會任何把戲。所以,從這個簡單的訓練開始,把你的地位找回來吧!你要讓牠知道,跟你靠近好處多多,比起牠硬拉繩子、緊掐脖子來得好太多了。

絕大多數的訓練,最好在不栓狗鍊的情況下進行比較好。在狗鍊鬆弛的狀況下,狗狗靜下心的走在你身邊,是一個最好的開始。除此之外,牠在舒服的情境下接受鍛鍊,你的手也就可以不用變成彈簧手了。

① 當狗狗拉扯的時候就停下腳步,就地矗立不動。等牠停止拉扯,轉身看你時,而狗鍊一旦鬆弛下來,馬上按下響片。

② 立即走向牠，並讓牠走在你的左手邊。

訓練要訣

- 當狗狗正確的行走時，要避免狗鍊下垂得太低，這樣才不會絆倒你或狗狗。
- 訓練一隻特別強壯的狗時，要用雙手來握住狗鍊。狗鍊從左手穿過，橫跨身體之後以右手緊握，這樣當狗狗突然猛拉時，你才能保持控制。
- 讓狗狗走在圓圈外圍，這樣當你稍有轉身，並且遠離牠時，能方便牠注視著你。

③ 當你跟狗狗肩並行走時，狗鍊保持鬆弛的情況下，給牠一個零嘴。多次重複這個練習，狗狗很快便能學會：慢下腳步，等在你的腿邊，等待著獎品出現。

④ 當狗狗曉得了這個道理，開始繞著一個較大的圈圈行走。不管牠在左邊還是右邊，讓牠走在圓圈的外圍，牠應該會很快地理解如何配合主人行走。以一種輕快的步伐，大步走個三、四步，若還是維持著鬆弛的狗鍊，牠沒有試圖拉扯，同時注意力保持在你身上，就按下響片，然後停下腳步獎勵牠。在牠注意力回到你的手之後，再開始重複這個練習。

呼叫愛犬

狗狗如果總是不理會你的呼喊，即便牠能表演再多的把戲，也是枉然。為了訓練或者表演的目的，同時為了牠的安全考量，在情況需要時，能叫狗狗快速地回到你身邊，是十分的重要。當然，要牠放下手邊的新鮮事物，得要你說服牠說：你更值得牠的注意。畢竟，若沒有任何的好處，牠怎捨得放下正在享受的事物呢？

 當狗狗稍微離開你身邊的時候，叫牠的名字，吸引牠的注意力。必要時搖晃零食袋發出窸窣聲響，讓牠回頭看你。一旦牠轉過身來面向你，就按下響片。

★ 早期學習

　　訓練狗狗留下，或者喚回到你身邊，最好從小訓練起。很多主人不敢相信能讓小狗鬆開狗鍊，事實上，這反而是訓練小狗跟主人形成「團隊」，最容易的一個時間點。選擇一個安全的地方，故意在牠能看見你的時候遠離牠，由於好奇心的驅使，加上急需安全感，牠會乖乖的順從你。

② 狗狗應該已經訓練過，知道這個喀噠聲代表著獎品，所以牠會走向你來領取獎賞。別懷疑，真的就是這麼容易！

③ 當牠走向你時，就給牠零嘴。若牠有點不願意靠近你，試著蹲下身子，或者向後退一兩步，等牠過來。當動作完成後，再走開一下，然後再叫牠的名字一次，若牠一聽到，就馬上迎向你，那你就可以加上口頭指令「來」。所以步驟就是：叫牠的名字，發出口令「來」，當牠開始迎向你，按下響片，當牠一靠近你，馬上給牠獎品。

🐾 訓練要訣

- 只叫狗狗的名字一次，這樣才能留下震撼力。聲音要興奮，同時以零嘴或玩具作為後盾，來確保能吸引牠的注意。記得，你反覆的叫喊，只會讓牠更確定你的所在位置，所以牠的頭可能連抬也都不用抬起來。若你持續的叫牠，但後續卻沒有有趣的事情發生，牠很快的就把你當作耳邊風。
- 很多狗狗不願回到主人身邊，是因為牠們每次一回去就會被罵。這樣只會錯誤的教育狗狗：回到主人身邊，將有倒楣的事發生。
- 另外，狗狗還有一個「百喚不回」的常見情況，就是主人在後面追趕。狗狗會誤以為你在跟牠們玩遊戲。若你實在沒法叫回你的狗狗，試著反向操作一下，在牠注意到你之後，朝牠反方向跑開，在這種情況下，狗狗通常反倒會回過頭來追你。

請坐下

訓練重點

• 訓練狗狗不管在站著或躺著時，都聽從你的指令坐下。

① 以向上餵食（參考第 13 頁）的手勢拿好零嘴，停在狗狗的鼻子高度，叫喚狗狗到身邊，讓牠剛好站在你手腕高度的位置。

有些把戲訓練，狗狗需要很靈活，並且要很快的在不同的姿勢下，變換動作。尤其當你要求牠做一些連續動作時，很多把戲的基本動作就是從坐下開始的。當然，還需要聽從你指令坐下，以及從不同的姿勢轉換到坐下等等。

訓練狗狗從不同姿勢轉換到坐下，其實只需正確的引導牠鼻子的位置。一旦引導正確，便能影響牠後半身的移動方向。當牠的鼻子高高上揚時，對牠而言，臀部就會自然往下壓低，這樣是比較符合「狗」體工學的。

② 以流暢穩定的方式轉換手勢為向下餵食（參考第 13 頁），向上提起手到狗狗鼻子的上方，然後往狗尾巴的方向後推。這時候牠的鼻子會順著上揚後，稍微後仰，自然而然地牠的後腿和臀部會順勢向下。當牠移動到坐下的姿勢時，按下響片。一旦牠坐下，就給牠零嘴吃。不斷重複，讓牠理解這個動作，最後在按下響片之前，加進口頭的指令「坐下」。

③ 相同的原理，可以訓練狗狗從躺的姿勢轉換到坐下的姿勢。首先，同樣以向上餵食的方式握住零嘴，靠近牠的鼻子。

④ 平穩的提起你的手，讓狗狗抬起鼻尖，這時候手勢變換成向下餵食。逐漸地，引導牠的身體伸展到最大。

⑤ 現在將手慢慢的上抬，然後往後推出手腕。這樣一來，狗狗為了跟隨食物，只好以前腳用力推自己起身，變成坐下的姿勢。在牠即將達到坐下的姿勢之前，按下響片，然後牠一旦定位，馬上給予獎賞。

🐾 訓練要訣

- 要讓狗狗從趴下姿勢轉換到坐下時，不要讓牠先站起來再坐下。目標是讓牠練習流暢地切換姿勢，起身坐好。

- 訓練狗狗從趴著到坐下的時候，你站著，會比蹲下來得好。

- 訓練小型狗從站立變成坐下的動作時，牠們往往會發現乾脆後退還容易些。為了克服這個習慣，試著將這個訓練切割成幾個階段。比方說，當牠的鼻子上揚了，就按下響片，然後當牠頭往後傾斜時，再按一次響片。最後，當牠的臀部開始下壓了，再按一次響片，以此類推。除此之外，你可以讓狗狗在一個背後有牆的地方練習，這樣的話，牠就沒法在訓練坐下的時候後退了。

⭐ 坐有坐姿

你知道狗狗從站立姿勢變成坐下時，有兩種坐下的方式。有些狗喜歡「併前坐下」：也就是前腳固定，以後腳向前腳併攏的方式坐下。相反的，大型狗或者後肢較僵硬的品種，像是杜賓犬（Dobermans）和貴賓狗（Standard Poodles），以及其他大型的梗犬偏好「併後坐下」：後腿固定不動，拉回前腿，後腿彎曲然後坐下。

站立以及動作轉換

很多把戲訓練都牽涉到後退，或者依靠後腿站立，所以狗狗若能靈活的切換到站姿，就非常重要。接著不管訓練狗狗後退行走、豎直身子鞠躬，或者其他的本領，牠的後腿需要十分夠力，而且能自信的使用後腿。

要狗狗聽從指令，迅速站起來的訓練重點，是讓牠能靈巧地用後腿把自己推起來，而不是用前腳把身體拉起來。

一臂之力

倘若狗狗能夠判斷後腿的位置，並且準確的擺放後腿，那麼牠們的頭尾兩端，就比較能流暢地同時動作。現在，訓練狗狗用後腿瞬間推起自己，變成站立姿勢。當狗狗趴著，或者坐下的時候，把狗碗拿到地面前，放在牠的兩腿中間、下巴正下方，你會看到牠用後腿使勁一推，把自己彈起變成站立姿勢，以便靠近狗碗。

從坐下姿勢變成站立

1 教導狗狗從坐著的姿勢站起來，首先以向上餵食的手勢（參考第13頁），拿著零嘴，齊於牠鼻子的水平高度。

2 向後退一步，但食物保持在牠的鼻子高度，引導牠往你的方向前傾。這時，手的位置很重要，若手得放太高，即便狗狗已經起身往前移動，最後仍會回復到坐下的姿勢，因為牠的鼻子上揚。相反的，若手的位置太低，牠可能因而順勢往前趴下。

3 當狗狗起身，以四腳站立時，按下響片，然後給牠獎賞。多練習幾次，直到狗狗明白。最後，在按壓響片之前，加入口頭指令「起立」，就大功告成了。

🐾 **訓練要訣**

• 喊出「起立」的口頭指令時，所使用的語調要和坐下、趴下有所區別。練習使用不同的音調喊出這三種指令，要求牠「起立」、「坐下」和「趴下」。

• 口頭指令所使用的音調高低，取決於你所要求的動作本身。高音比較適合「起立」動作、「坐下」可以使用中音，而低音可以用來發號「趴下」的指令。

從趴下姿勢轉為站立

1 要引導狗狗從趴下的姿勢站起來，首先以向上餵食（參考 13 頁）的方式，拿好零嘴靠近牠的鼻子。

2 如同上個訓練，先向後退一步，但這次以斜角的方式，上抬你的手並帶起牠的鼻子上揚，牠的後腳會跟著站起。當牠達成站立姿勢後，按下響片，並且給予獎品。同樣的，當牠開始有概念之後，便在按響片之前，加入口頭的指令「起立」。

趴下

訓練重點

- 訓練狗狗聽到「趴下」指令時，立即地趴下。
- 狗狗停留在正面趴下的姿勢，等待下一步指令。

訓練狗狗做多爾滾（54頁）和裝死（56頁）的動作時，狗狗要能靈活、快速地趴倒在地上。由於這個動作要求狗狗處於較被動、無助的姿勢，所以需要事先籌畫、清楚溝通，加上互信才能成功。

從站立姿勢趴下

1　當狗狗站立時，以向上餵食的手勢，拿著零嘴靠近牠的鼻子。

2　將你的手往牠的兩隻前腳之間移動，引導狗狗的前腿下壓，有點像是鞠躬的姿勢（58頁）。

3　把手壓低，保持平穩，這時，狗狗的後腿應該會隨之坐下，因為這姿勢對牠來說會比較舒服。當牠幾乎要趴下時，按下響片。然後當牠完全坐下時，給牠零嘴。重複這個動作，直到狗狗可以自信地趴下為止。最後，加上口頭指令「趴下」，繼續練習，狗狗最終就能學會聽從口頭指令趴下。

- 趴下的指令，必須清楚的只代表「趴下」這一個動作。
- 命令狗狗趴下時，需考慮地板的材質。硬地板會讓有些狗卻步，尤其是短毛、皮薄和骨感的品種，像是獵狗（Whippets）以及格雷伊獵犬（Greyhounds）。
- 若是狗狗聽到趴下指令時，傾向於向前走的話，可以在牠稍微低下頭的時候，就按一下響片鼓勵牠。也就是在牠真正的趴到地下之前，把動作分解，一步一步地引導牠完成最後動作。

★ 三種臥姿

你知道狗狗有三種不同的趴下姿勢嗎？正面趴下（左圖）有利於狗狗快速切換不同的姿勢。而當狗狗放鬆時，牠會以臀部側臥，同時上半身會保持豎直，但兩條後腿則會側臥在同一邊（中圖）。最後一種是側身平躺，訓練牠做多爾滾（第 54 頁）和裝死（第 56 頁）的把戲時，這樣牠能伸直身體側躺一邊。

從坐姿到趴下

1 誘導狗狗身體向前並且向下移動，從坐著的姿勢改變為趴下的姿勢，目的在於移動牠的前腳，給予足空間讓牠的雙腳都能向前伸直。

2 當牠無法在後腳不動的情況下，將身體更向前傾時，可以把零嘴向下往地板的方向移動。當牠慢慢往下沉時，按下響片後獎賞。反覆練習，最後同樣的，加上口頭指令「趴下」。

等等別著急

許多的訓練,需要狗狗維持在特定動作上,而「等等」這個訓練,就是用來號令狗狗保持不動,直到你解除禁令,或者發出下個指令為止。

一剛開始訓練「等等」時,先從比較簡單的動作開始。比方說在坐下、趴下或站立的動作下練習「等等」。一旦狗狗理解指令後,再開始套用到比較難的動作,像是拜託(第42頁)、裝死(第56頁),或者其他更炫的把戲上。

① 叫喚狗狗到身邊,號令牠「坐下」。當牠坐下時,不要馬上按響片,等待牠坐著兩、三秒鐘之後,再按響片,給予獎賞。接著,再次叫牠坐下,這次讓牠等待五、六秒之後,再按下響片。這可以訓練牠耐心等待獎品,同時提醒牠,得到獎賞之後,也不表示練習已經結束了。當狗狗成功完成幾次等待之後,將口頭指令「等等」加進來,比方用「坐下、等等」為口令。

② 當狗狗曉得指令之後,再次號令牠「坐下、等等」。這一次,遠離牠退後一步,若牠還乖乖地在原地坐著,那就按下響片,然後靠近牠,給獎賞。

- 倘若狗狗一聽到響片聲,就馬上離開定點,這時候得要求牠回到指定的動作上,然後才給牠獎賞。這種情況下,就不需要再按一次響片了,因為一個響片等於獎賞一個連續動作。
- 給狗狗獎品,不應該變成一個結束把戲的暗示,尤其在訓練「等等」時。預防這種情況的發生,最好的方法就是給了獎品之後,當狗狗還在耐心等待時,偶爾再多加幾個獎賞。這樣一來,狗狗便會持續地注意著你,期望有意外的驚喜。
- 採用一個解除命令的口令,像是「OK」來告訴狗狗這個「等等」的練習已經結束,牠可以離開目前的定點了。
- 訓練狗狗等待時,在慢慢拉大距離的過程中,注意一下自己的動作。手部要保持穩定,移動也要輕巧。搖晃的手牠會誤認為是某項指令,而太快的腳步移動,會刺激牠以為你要開始玩遊戲了。

★ 立正站好

要叫狗狗站著的時候等待,一定要確認牠站得很輕鬆。「立正站好」指的是牠的四隻腳平穩地各踞一方。拿一個零嘴,引導牠前後移動,然後等牠的雙腳各自平行站好後,按下響片,然後給牠獎品。多練習幾次,讓牠習慣成自然,牠便漸漸地懂得自己立正站好。

3 重複這個練習,每次再往後多退一步,慢慢拉遠跟狗狗的距離。當狗狗習慣你愈退愈遠,卻仍繼續保持不動之後,嘗試著往兩邊移動看看。一旦你覺得距離夠遠時,按下響片,然後走回來獎勵牠。

4 現在,試著把「等等」搭配在其他的指令上,像是「起立」或「趴下」。先叫狗狗做出指定動作後,然後加上「等等」在後面。跟剛才一樣,先從近處開始,再一步步的拉開跟狗狗的距離,並且拉長等待的時間。

跟隨主人的腳步

訓練重點

- 開始時先面對面站好。
- 狗狗繞著主人走一圈，最後站在主人身邊，面向同一個方向。
- 訓練狗狗加強「後腿意識」。

教導狗狗在行走時，能如影隨形的跟隨著你，這對於後續快速行走時的把戲，或者其他需要用後腳來匍伏前進等訓練，大有幫助。你們互相搭配的動作會更協調，整體看起來也更流暢。

這個訓練的目標是，教狗狗緊隨在你的腿後，身體保持直線。然而，狗狗如何的移動身體位置到你的身後，也很重要。藉由引導牠在你身後繞一圈，再回到你腿後，牠必須小心移動後腳，並且扭動下半身。這對於許多的後退動作來說，非常關鍵，比方說繞著主人後退行走的動作。

1 開始時雙腳合併站立，讓狗面對著你稍微偏左邊，左手拿零嘴靠近狗狗的鼻子。

2 右腳固定不動，左腳向後退一步。左手順勢引導狗狗繞過你的身體，到你的左後方。

訓練要訣

- 起步動作從面對面開始，這樣才能正確的執行繞圈動作。
- 不要讓狗狗繞的圈圈遠離你的身體，確保牠總是轉回面對你，讓牠時時刻刻記得要看著你。
- 練習很多次，並且加入了「跟上」的口頭指令後，嘗試著拿著零嘴靠在腿後方，在接近跟隨動作結束的位置，然後發布指令。這時狗狗應該懂得擺過身子，來讓自己直直的緊靠在你的腿後方。
- 練習完左邊後，別忘了練習右邊繞圈。
- 確保你給狗狗足夠的空間，來完成轉身繞圈到你身後的動作。

3 側身引導狗狗在你身後，逆時針地繞一個圈。

4 確定圓圈的弧度夠大，足夠狗狗轉 180 度，而牠的鼻子剛好能回到你的左腿後方。等候牠把後腿及臀部順勢擺回，跟頭對齊的時候，馬上按下響片。

5 左腳向前靠攏，狗狗也跟著向前靠近你的腿。當牠身體成直線緊靠著你時，按下響片，給牠獎品。反覆這個練習，回到和牠面對面開始，重複每個步驟。最後，在按下響片之前，加上口頭指令「跟上」。

完美的跟隨隊形

現在該是測試狗狗是不是隨時注意你，並且將你目前所教的內容謹記於心的時候了。解開牠的狗鍊，開始以不同方向的跟隨做訓練。在你身體不同側的位置來做練習，還有不同的隊形變化，不管你移動的方向為何，狗狗必須能緊跟在你腿邊，並且隨時注意著你。

除了訓練牠的專注力之外，讓牠能夠以不同的方式跟隨著你的腳步，同時也鍛鍊牠身體的柔軟度和後肢的強健度。記得從牠比較擅長的一側開始，起先可以繞比較大的圓圈，等到狗狗比較熟練了，再縮小轉圈的幅度。

狗狗行走在外圈

練習比較大的繞圈時，狗狗盡量走在外圈。當狗狗在你的左邊時，以順時針方向繞圈；反之，當狗狗位於右邊時，則逆時針旋轉。以輕快的速度移動，讓狗狗保持興趣和韻律感。手拿零食引導狗狗時，手要放在狗狗頭頸部舒適的高度上，並且不會迫使牠擺開下半身，來跟上食物。自然地繞圈，讓牠向你的方向靠近，並且鼓勵牠邁開大步來跟上你。

狗狗放鬆步伐走路（一側的雙腳蹬完，換另外一側的雙腳），可以幫助牠節省精力，所以當你看到狗狗以這種方式行走時，表示牠沒有全力以赴的投入訓練。然而，繞圈行走可以訓練狗狗小跑步（對角的兩隻腳蹬完後，換另外的兩隻腳），鼓勵狗狗積極的繞在外圈，這樣一來，牠會很自然的需要從走路步伐變成小跑步，這可以訓練牠更為平衡、警覺，而且對訓練更為精力充沛。

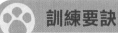
🐾 訓練要訣

- 開始做繞圈練習時，先要求狗狗做對幾個步伐。當牠做得很好時，按下響片，並且停下一、兩步好給牠獎品。狗狗很難一邊吃東西，一邊還能跟好腳步。
- 做 8 字型繞圈時，記得先從外圈做起步。

狗狗行走在內圈

現在嘗試狗狗走在內圈，當牠在你的左手邊時，練習逆時針繞圈。先從大一點的圓圈開始，這樣狗狗才不會被你擠開，而失去了流暢感。若狗狗能夠順利的在內圈裡行進，牠也同時學會對身體後半部的控制。

8 字型繞圈

最後的跟隨練習，是由兩個圓圈組合成的 8 字型繞圈。狗狗要學會適應從外圈變到內圈，然後，再從內圈回到外圈。當狗狗在外圈時試著走快一點，而當牠在內圈時則放慢腳步。狗狗在做 8 字型繞圈時，也會發現走內圈有些難度，這時候，當你往牠的方向壓近轉圈時，步伐可以稍微拉直一點，讓狗狗有些空間回到比較好的跟隨位置上，並且再次取得平衡。

你好嗎？

訓練重點

- 訓練狗狗聽從指令，伸出手與你握手。
- 發展這個動作成為「齊步走」。

這個小把戲，簡單易學，尤其有些狗狗在拿東西時，本來就會使用腳掌，而不是用嘴巴去咬。這個動作，除了可愛討喜之外，也是許多把戲的基礎動作，像是再見（38頁）、齊步走（右下表格），還有雙手擊掌（44頁）等。

在訓練的時候，原則上，狗狗是不允許從你的手裡偷抓食物的，但我們可以巧妙地利用牠這個天性，將牠轉換成一些新把戲。當狗狗知道你的手裡有食物時，牠通常會用手掌或嘴巴試圖去掰開你的手，而這個動作就可以轉化成握手的動作。不過，為了避免狗狗的困惑，最好採用一個口頭指令，像是「拿」來表示，在現在的情況下，准許牠可以伸手拿取食物。

①　狗狗坐下的時候，面對牠跪坐在腳跟上，緊緊的將零嘴握在手上，讓狗狗聞得到味道，但是拿不走。將手靠近牠的鼻子，但是偏向牠身體的一側，於是，牠的頭得要稍微的傾向一邊，重心也落於一邊的腳上。鼓勵牠伸手拿食物，大部分的狗會用手掌去掰開你的手。當牠的手一碰到你的手，馬上按下響片，打開手掌讓牠咬走食物。重複幾次這個動作，並且輪流訓練兩隻前腳。最後，在按壓響片之前，加上口頭的指令，比如說碰右腳叫做「右手」，碰左腳叫做「左手」。

② 現在試試看，用沒有拿食物的手，打開、伸向要牠握手的腳。當牠一碰觸你的手時，按下響片，並且用另外一隻手給牠獎品。用這個方式反複訓練左右兩手。

③ 現在跪起身子來，號令狗狗「右手」。其實這個動作不用真正碰到你的手，當牠舉起右手，在還沒碰到你的手之前，就按響片，然後給牠零嘴。

🐾 訓練要訣

- 若狗狗不太願意自己舉起手來，你可以用握響片的手舉起牠的手。當牠的手舉起時，按壓響片，然後用另外一隻手給出獎品。
- 練習幾次這個動作，狗狗應該曉得，這個舉手動作跟獎品的關聯，然後你再從第一步驟開始訓練。

④ 繼續練習，你會很快的教會狗狗在坐下的時候，做出「打招呼」的動作，只要伸出你的手，朝向牠的手掌，牠便會很快的伸出手來，試圖碰觸你的手。是不是就像跟你說「你好嗎？」呢！

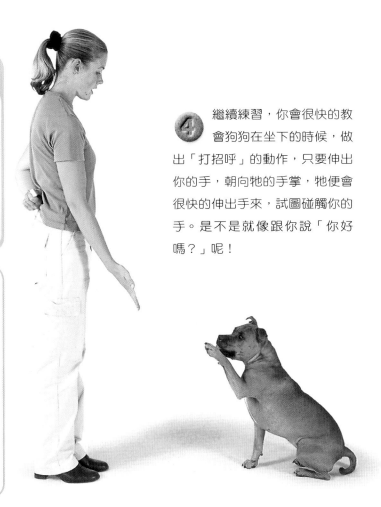

⭐ 齊步走

這個小把戲的訣竅是在狗狗站立時，號令牠輪流伸出左手和右手。開始的時候先慢慢來，等狗狗建立信心之後，再逐步地增加左右手交換的次數。你知道嗎？你可以訓練狗狗跟你一起齊步走喔！當你用手指示牠伸手的同時，抬起你的腳。幾次的練習之後，狗狗會看到你抬腳的動作，而伸出牠的手掌。最後，你手的指令就可以慢慢的減少，最終，狗狗就能跟著你的腳齊步走了。

揮揮手

訓練狗狗做出完美的揮手動作很簡單，只要稍微修飾一下牠已經學會的握手動作（36頁）就可以了。基本上，伸出手掌的動作跟打招呼是一模一樣的，只要激發狗狗反覆伸出手的動作，就能產生連續的揮動效果。簡單的說，揮手的動作就是訓練狗狗以不同高度來握手，所產生的連續動作。

1 一開始伸出你的手，命令狗狗握手。比方說「右手」，然後「左手」。反覆練習幾次，增強狗狗的信心和交替的流暢感。

⭐ 手把戲

有些狗狗特別喜歡手的把戲，有時熱衷得有些過頭。不管你叫牠坐下，還是做其他動作，牠總是伸出手來回應你。若要矯正這個行為，只要耐心的等牠手放回到地板上時，再按下響片，然後給獎品。或者號令牠坐下，然後等待牠真正的坐下時，再按下響片給獎賞。切記，千萬不要處罰狗狗，或是對牠生氣喔！

② 這次號令狗狗伸出手，當牠的手開始向你伸來時，把你的手移到牠無法接觸到的距離。狗狗會試圖伸長手去觸碰你的手，當你感覺牠的手稍加伸展開了，就按下響片，給牠零嘴。重複幾次這個練習，每次在牠的手伸展到不同的高度時，按下響片。

狗狗伸出手做握手動作……

……持續的抬起手來……

……在重複動作之前，向上猛力一伸，然後手垂下來，形成連續的揮手動作。

③ 逐漸延後按下響片的時間，所以在你按下響片之前，狗狗會盡可能的伸長手，然後有點垂下來。等牠再次試著伸長手時，按下響片，給予獎賞。最後在命令牠「握手」的階段，加入口頭指令「拜拜」。也就是說命令牠「右手」、「右手」、「拜拜」，然後按響片，給獎賞。當牠建立了揮手的動作後，就像上方圖片所示，你可以試著將指令簡化為最後的「拜拜」就可以了。

後腿踢

訓練重點

• 訓練狗狗聽指令，抬起後腳並向後伸直。

大多數的狗很快就學會抬起前腳的指令，但是抬後腿就很難說了。這個把戲可以衍生變成伸懶腰的動作、後退行進，或甚至假裝跛腳的表演。由於狗狗要單獨的移動後腿，這可以進一步鍛鍊狗狗對於後腳的意識和使用。這個動作，對於日常生活也相當實用。比方當狗狗散步完要回家時，要檢查或清潔牠的後腿時，一聲令下、輕輕鬆鬆。

 後腿行進

當愛犬學會如何抬起後腳之後，你可以進而把這個動作延伸，變成後腿行進的把戲。類似於之前我們教狗狗從握手，轉變成齊步走的步驟（37頁）。交替號令狗狗抬左腿、抬右腿的指令，一旦狗狗抬完左腿後，要抬起右腿時，馬上按響片，然後嘉獎牠。這一次慢慢地延長連續動作的時間，等牠交換多次之後，再按響片來獎勵牠。你也可以訓練牠，在看到你的後腿往後伸直，加上你的口頭指令時，牠正確的做出動作。一旦訓練成功，你可以大膽期待，更多超酷的花招，保證玩到目不暇給。

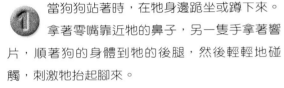

① 當狗狗站著時，在牠身邊跪坐或蹲下來。拿著零嘴靠近牠的鼻子，另一隻手拿著響片，順著狗的身體到牠的後腿，然後輕輕地碰觸，刺激牠抬起腳來。

② 狗狗多半有很敏感的腳，所以輕輕的碰一下，足以讓牠縮起腿來。當牠一抬起後腿來，就按下響片給牠獎品。重複這個訓練幾次，讓狗狗理解你的命令，最後，在按壓響片之前，加入口頭指令「左腳」。

③ 反覆練習這個動作，現在發出口頭指令，並且漸漸減少用手去碰牠腿的次數。一旦你感覺狗狗懂了之後，可以試著站起身來發號口令，看看成效如何。最後，訓練狗狗的另一隻後腿，並加入口頭指令「右腳」。

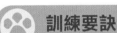

訓練要訣

- 假如狗狗不太樂意抬腿，試著在牠的指頭之間搔癢。很多狗對於這個部位超級敏感，所以會馬上蜷起腿來。

- 倘若狗狗實在不為所動，只好用手抬起牠的腿，然後按響片，給牠零嘴。反覆幾次，最後牠應該能理解這個動作。

- 如果你打算訓練牠的兩隻後腿，口頭指令要能簡單分辨，而且好記，避免混淆。用狗狗腳上的記號或顏色來當作指令，是個不錯的辦法。

拜託、拜託

訓練重點
● 訓練狗狗抬起前腳，並且平穩地以屁股坐著。

想到狗狗，就不難聯想牠們總在討東西吃。但實際上，能表演這個乞討動作的狗並不多見。牠們得要學會在豎直上身的情況下，保持平衡。重要的是，這個動作是很多雜技的基本動作，像是雙手擊掌（44頁），還有站立行走（48頁）等動作。

提醒你，這個把戲只能訓練滿六個月以上的狗狗喔！對於還沒長大的幼犬來說，因為牠們的尾椎關節還在發育，所以要避免這種不適當的壓力所造成傷害。即便是訓練成犬，也不要肆無忌憚的重複太多次豎直的動作，千萬不要急功近利。

① 狗狗面對你坐下，保持適當距離，讓狗狗有空間來抬起前腳，離開地面。

② 手拿零嘴靠近牠的鼻子，往上並且向外推出你的手，誘使狗狗仰起頭來並向後傾斜。這也會促使牠抬高前腳。當牠的雙腳一離開地面，就按下響片。

⭐ 給點支持吧！

年輕的狗還有大型犬，通常較難保持這個「拜託」的姿勢，所以剛開始可以稍微協助牠。抬起牠的一隻腳，並用零嘴引導牠向後傾，讓牠的另外一隻腳也抬起來。

或者，也可以讓牠們的雙腳靠在你的腰上，當作支撐。不過這只能在開始階段進行，你終究還是要逐步減少協助。這個動作記得以向下餵食的手勢，慢慢向外推出你的手。

🐾 訓練要訣

- 若狗狗不斷地用後腿站立，挺直上身，那你可能把牠的腳引導或抬得太高了。降低一點高度，或是提早按壓響片。
- 實驗一下向上餵食和向下餵食（13 頁）的差異，看哪種方式比較順手。向上餵食的手勢，通常對於年輕的狗比較適用。
- 若狗狗只是頭向後仰，而腳不離地，試著下「握手」指令（36 頁），這可能會幫牠想起這個動作。
- 當練習像「拜託」的動作時，由於你的手會跟狗狗的頭部靠得很近，為了避免傷害牠敏銳的耳朵，最好用一個比較小聲的響片，或者也可以把響片拿遠一點，或放在口袋裡矇住聲音。
- 小型狗通常很容易就從坐著的姿勢，蹬起腿變成後腿站立，所以要讓牠們保持坐著，可能會有點麻煩。記得不要把誘餌拿離開牠的鼻子太遠，若有需要，把你的手放在牠的屁股上，抑止牠一躍而起的習慣。

 再來狗狗可能會前腳放回地上，以維持平衡。給牠點時間緩衝，並且獎賞牠。

重複這個練習，每一次都訓練牠抬得更高一些，這會有助於牠自己找尋到平衡點。一開始，當狗狗可以維持一兩秒鐘，就獎勵牠。當牠可以抬起腳來，流暢的靠著自己的屁股坐著時，就加入口頭指令「拜託」。

雙手擊掌

訓練重點

- 訓練狗狗以坐下的姿勢舉起兩前腳,並與主人擊掌。

🐾 訓練要訣

- 訓練狗狗擊掌動作時,不要跟牠離得太遠,這會導致牠必須往前傾斜來碰觸你的手,讓身體一下子失去平衡。
- 要求狗狗抬高前腳的高度時,給牠點時間自己評估,配合牠的節奏,這樣一來,狗狗比較能用本能去調整前腳的新位置,不會心生猶疑。
- 做這個訓練或其他訓練時,當你覺得手好像不夠用時,可以使用按鈕式響片。突起的按鈕方便你用腳按壓(10 頁)。或者,你也可以請朋友幫忙,務必告知朋友,響片按壓的時間點是唯一的關鍵,當要求的動作一出現的時候,就要馬上按壓響片。

訓練愛犬一個很酷的擊掌動作,歡呼一下訓練成功!這個腳掌對手掌的互擊,可以清楚的示範狗狗和主人之間的夥伴關係,而且鐵定可以帶給你一種很爽的感覺。若狗狗已經曉得怎麼握手(36 頁)和拜託(42 頁),那這個動作對牠來說,絕對易如反掌,而且還能博得滿堂彩喔!

1️⃣ 當狗狗坐下的時候,蹲下到牠的高度,打開你的手掌,號令牠握手(36頁)。當牠碰觸你的手時,按下響片,然後給獎品。複習幾次這個動作,建立牠的信心,並且讓動作產生連貫性。

② 現在，把手改為擊掌的姿勢伸向狗狗。口令還是使用「握手」，多數狗狗對於這個握手時高度的改變，都會感到有點棘手。當狗狗一碰到你的手，馬上按下響片，給牠獎賞，並重複幾次這個練習。現在當牠快要碰到你的手之前，加入口頭指令「擊掌」，再按下響片，然後給零嘴。多次練習之後，狗狗就能學會聽從你的口頭指令，正確做出擊掌動作。

③ 現在用同樣方式，訓練另外一隻腳。反覆練習，直到狗狗聽到你的口令，就能做對動作。

④ 現在站起身來，然後號令狗狗表演「拜託」的動作。

⑤ 伸出你的雙手並命令狗狗「擊掌」，若牠能以雙手同時碰到你的手，就按下響片，然後給零嘴。倘若狗狗只能碰到一隻手的話，再試一次。這次調整一下你手的姿勢和位置，盡量有助於讓狗狗碰觸到，繼續練習直到完美。

雙手擊掌 | **45**

立正站好

訓練重點
• 訓練狗狗用後腳站立，並且保持平衡。

有些狗，尤其是小型犬，用後腳站立就像是牠們的第二天性，而相對於其他的狗來說，卻難如登天。體型愈大的狗，你愈會發現這個動作具有挑戰性。但每隻狗本領各不相同，你不妨試一試，搞不好你家愛犬會有「立正站好」的天份。

在開始這個訓練之前，仔細端詳一下你家愛犬，看看牠的品種和身形，是優勢還是阻礙。同時也考量一下狗狗的年齡，不足一歲的狗，最好不要做這個練習；而太老的狗，牠們的健康和體能狀況，都應該列入考慮。

在開始學習這個把戲之前，先確定狗狗樂意聽從指令握手（36 頁）。練習幾次握手動作作為熱身。

① 狗狗面對你站立著，你的手以向下餵食的方式拿著零嘴。根據狗的大小，決定你要站著還是跪著。

★ 後腿習慣

你應該大致知道，愛犬是否適合做一些需要用後腿站立的把戲。很多狗狗為了想看得清楚些，而自然地會挺直上身，靠後腿站立。比方說，用前腳撐在樹幹上，尋找躲藏的貓或者松鼠。或甚至毫無倚靠的用後腿站立，看看樹叢裡躲著什麼，還是看你手捧著的狗碗裡，有啥好料的。下次你要餵狗的時候，把狗碗拿高，看看牠的第一反應為何。

號令狗狗「握手」（參考 36 頁）。
當牠抬起腳時，把零食舉高，並
且稍微向牠身體的後方移動，這樣的
話，牠會用後腿撐起身體。
剛開始牠可能會用力一蹬，
去碰你的手。不管如何，
只要牠兩隻前腳離
地，用後腿站立，就
可以按響片，給獎
品。重複幾次，確定
狗狗曉得如何讓前腳
離地。

🐾 **訓練要訣**

- 在訓練狗狗用後腿站立時，需先考慮狗狗的大小、品種和年紀，以及健康狀況。
- 「起立」這個姿勢跟「拜託」很雷同（42 頁）。兩種把戲都是訓練狗狗前腳離開地面，但是狗狗應該會根據狀況，理解其間的差異。「起立」原則上是在狗狗站著時，前腳離開地面的訓練，而「拜託」則是從坐下姿勢起步。
- 很多狗狗會覺得，靠著後腳站立不動，比起稍微前後移動來得困難多了，尤其是剛開始的時候。

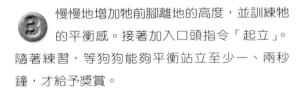 慢慢地增加牠前腳離地的高度，並訓練牠
的平衡感。接著加入口頭指令「起立」。
隨著練習，等狗狗能夠平衡站立至少一、兩秒
鐘，才給予獎賞。

 若你家狗狗很嬌小，
在你站起身來發號命
令之前，要確定狗狗已經有
了充足的自信心。因為小型
犬對於主人傾身靠近，往往
感到極大的壓迫感，可能會
不太樂意配合表演。

站立行走

若狗狗已經學會了上一頁所教的後腿站立，那牠應該可以接受
更高一層的訓練。無論如何，不要指望狗狗能跟我們一樣用兩
腳走路。很多狗狗在後退走路時，會先退一腳，再挪動另一腳
來配合，所以看起來會有點歪歪斜斜的。

先教狗狗後退走路，若牠能很快學會，再試著教牠前進和側步
行走。最後，可以嘗試變化一下位置，跟狗狗肩並肩踏步走。

① 拿牠最愛的玩具，或
是高檔零嘴作為誘
惑，要求狗狗以後腿站立。

高舉玩具，並且向狗狗走過去，為了盯著玩具看，狗狗得要後退一步。一旦牠的一隻後腳往後移動時，就按下響片，給牠零嘴。讓牠以這個姿勢保持平衡，重複這個練習。

訓練要訣

- 確定你按下響片的時間點，狗狗的確正在跨步走，這樣牠才能連結正確的動作和獎賞，而這也才能讓牠知道，這個動作是連續性的。

- 牽涉後腿的動作，訓練時間最好簡短，因為這類的練習，要求狗狗注意力集中，同時要有力量和平衡感，所以狗狗很容易感到疲累。一旦累了，狗狗就很難開心的參與。

- 要教狗狗往前行走的話，步驟是一樣的，但你要站在牠的身邊，而不是與牠面對面。拿著玩具或零食，在牠的頭部上方往前移動，引導牠小步往前走。若你是面對牠，拿著誘餌慢慢後退的話，牠很可能會撲向你，而失去平衡。

當牠學會了平衡，這次等牠另外一隻腳也併攏了之後，再按響片給零嘴。逐漸地藉由你慢慢向牠靠近，訓練狗狗後退行走。最後一個步驟，在你按響片之前，加入口頭指令「後退」，幫助狗狗連結動作與口令。當狗狗愈來愈強壯、敏捷更有自信後，牠會開始邁大步伐，並且加快速度。

⭐ 了解狗狗的極限

訓練後退行走時，主人也可以支撐狗狗，幫助牠平衡。但是這樣的方法，很難判斷狗狗是不是有能力，自己來完成這個動作。或者，牠是否願意做？不管怎樣，狗狗都很難自己獨立完成這個動作，所以最好多花時間和精力在狗狗比較擅長的動作上。試圖教一隻不樂意或者不合適的狗狗，來學一個困難的動作，只會造成主人與狗狗雙方的挫敗感。

站立擊掌

若你已經教會狗狗基本的**擊掌**動作(44頁),而狗狗也能以後腿站立,保持平衡(46頁),那現在要教的這個動作,可以說是易如反掌。最理想的狀況是,在不用誘餌的情況下,讓狗狗聽從口令做動作。

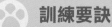

1 面向狗狗,號令牠用後腿站立(46頁)。

2 現在向狗狗伸出你的兩個手掌,並且號令狗狗「擊掌」(44頁)。一旦牠碰觸到你的一隻手,只要牠的另一隻腳也很接近你的另一隻手時,按響片,然後給獎品。繼續練習,直到牠能夠兩隻腳都各自碰觸到你的手掌為止。

站立旋轉

若是狗狗能很自信流暢地旋轉的話,那這個把戲看起來真的「超炫」。慢慢的練習,並且逐漸增加難度。若在開始階段就太急躁,狗狗可能會表演得很僵硬,或甚至是因為困難重重而感到卻步。

1 站著或跪著面對狗狗,號令牠以後腿站立。用向下餵食(13頁)的姿勢,拿好零嘴放在狗狗頭部上方。慢慢旋轉手腕來改變零嘴的位置,狗狗會因為盯著零嘴看,而讓頭部跟著旋轉。

2 繼續旋轉手部,所以狗狗的身體也會順著頭的轉動而轉身,同時腳步也會跟著移動。一當牠動了腿的時候,馬上按響片並且獎賞。

3 以同樣的方式,繼續旋轉。當狗狗理解這個動作,也確定狗狗每段分解動作都完成了之後,再按壓響片,給予獎品,最後加上口頭指令「轉圈」。當牠能夠完成360度旋轉時,試著延長到旋轉一圈半之後,再按響片。接著試試兩圈,慢慢增加。這樣一來,曼妙的芭蕾舞蹈,就會呈現在你面前。

匍匐前進

訓練重點
• 訓練狗狗聽從指令趴在地上，以匍匐前進的姿勢爬行。

這個練習可以衍生為很多有趣的把戲，比方說狗狗偷偷在主人後面跟蹤。但是狗狗能否學得好，全賴於你引導技巧的好壞：正確的誘餌位置，對這個訓練格外重要。同時，你也會發現，你手部的細微動作，對於狗狗身體動作的影響，相當重要。

爬行這個動作需要狗狗的敏捷度和柔韌性，所以先確定一下狗狗身體方面能不能適任。另外，在訓練「多爾滾」動作（54頁）前，最好先教這個動作，不然你會發現狗狗花太多時間做四腳朝天的動作，而少了著地爬行的動作。

1　首先，你要坐在地上，膝蓋拱起，而狗狗要與你垂直、站好，然後指示牠豎直上身趴下（28頁）。在另外一頭拿著零嘴，引誘牠穿過這個雙腿拱起的隧道。這時候，施「趴下」的指示，一旦牠朝你的腿下移動，就按下響片。當牠一穿過之後，馬上給予獎賞，反覆練習幾遍。

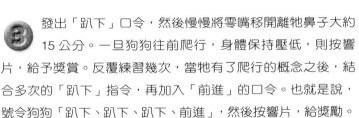

② 當狗狗豎直上身趴下時，面向牠把零嘴放在牠的鼻子前方，牠的頭部要保持擺正的姿勢，鼻子離地約 5 到 7.5 公分。

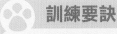
- 大狗可能會比較沒辦法全身匍匐前進，牠通常可能會後腿翹起而用前腳爬行。
- 若狗狗有關節方面的毛病，這個把戲就比較不合適，換些其他的把戲來訓練牠吧。
- 若狗狗不願意爬行，檢查一下是不是地面太冰涼、太粗糙，或者太滑都會讓牠感到不舒服。

③ 發出「趴下」口令，然後慢慢將零嘴移開離牠鼻子大約 15 公分。一旦狗狗往前爬行，身體保持壓低，則按響片，給予獎賞。反覆練習幾次，當牠有了爬行的概念之後，結合多次的「趴下」指令，再加入「前進」的口令。也就是說，號令狗「趴下、趴下、趴下、前進」，然後按響片，給獎勵。

★ 誘導技巧

這個把戲成功與否的關鍵，取決於你拿誘餌的位置和移動的路線，這會影響狗狗移動身體的方式。誘餌拿得太低，狗狗會用腳去抓，扭動頭部，同時提起後腿。而誘餌移動速度太快的話，會造成牠向前撲；但若太慢的話，牠會很納悶，為什麼還不給牠獎賞，接著搞不懂你到底要牠做什麼，因為你引導的方向不明確。

④ 逐漸增加爬行的距離，試著在狗狗往前爬行兩步之後，給予獎賞。循序漸進的讓牠爬行三步、四步等等。當牠了解這個動作，並且可以爬一段距離之後，去掉「趴下」這個部分的口令，直接命令牠「前進」，當牠可以聽從「前進」指令做出動作之後，試著站起來發號司令，接下來就可以開始設計一些有趣表演了。

多爾滾

這個動作是接下來 56 頁要教「裝死」前的準備動作
，所以很值得在這裡先耐心練習，確保動作的流暢度。在開始之前，先檢查一下地面的狀況，看是否能讓牠安心表演，狗狗才不會心生怯意。

大多數的狗狗能很快地學會這個把戲，甚至還過份熱衷，一有機會就表演這個動作。當狗狗學成之後，限制一下這個動作的練習時間，並只用它來點綴其他的表演。

訓練重點

• 訓練狗狗從趴著的姿勢，聽從指令翻身，接著滾動一圈後回到原點。

① 雙腿跪坐，並叫狗狗面對著你正面趴下（28 頁）。用向上餵食的手勢，拿著零嘴接近狗狗鼻子。

② 手勢轉為向下餵食，繞過狗狗的頭，引導牠的鼻子向肩膀的方向扭動。若你要狗狗向牠的左邊翻身的話，你要使用右手來引導。讓牠的鼻子跟著你的手，轉到牠肩膀的位置，這時候牠會開始失去平衡。

③ 狗狗終究會無法支撐，而乾脆平躺下來（29頁）。這時按下響片，而等牠的頭碰到地上時給牠獎品。

④ 現在重複上述引導的過程。同樣的，你的手以順時針方向移動，引導牠的頭轉向另一邊，接近肩膀的位置。牠頭的扭動，會帶動後腿的跟隨，而讓整個身體順著轉到另一側去。當牠的身體開始向另一邊轉動時，按下響片，而當牠完成翻身動作，整個側面平躺時，給牠獎品。

⑤ 最後，引導牠翻身之後，會回到最初正面趴下的姿勢。接著，拿著零嘴靠近牠的鼻子，然後向牠的前腳移動，等牠的頭就位時，把食物往你自己的方向移動。多練習幾次，再開始把剛剛的動作連貫起來。進行連續動作時，在平躺的階段就不用停頓，流暢做完整個動作即可。一旦時機成熟，在按壓響片之前加入「翻身」作為口頭指令。

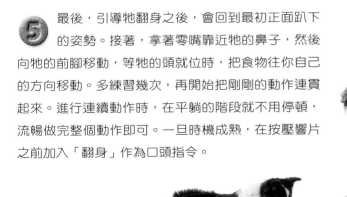

• 確定你拿零嘴的手有正確引導，否則手可能會打結，狗狗也會感到迷惑。

• 當狗狗翻身的時候按響片，但是要確定牠翻過了半圈，不會突然再翻回去，這樣才能獎勵正確的動作，而狗狗最終也可以完成整套的動作。

• 若狗狗對平躺、翻到另一側的動作感到困難，剛開始時可以幫牠把靠近地板的前腳抬起。

 建立信心

　　狗狗在進行更多相關的「地板」訓練之前，要先能夠輕鬆自若的趴下。通常不願意趴下的狗狗，多半缺乏自信或自覺無助，所以牠需要跟訓練者培養互信的基礎。在一個舒適、安靜和輕鬆的環境下練習，目的是讓這個訓練變得有趣又簡單。千萬要記得「響片訓練」沒有所謂的犯錯，所有的訓練都要正面鼓勵。當你訓練一隻緊張的狗時，在嘗試做「多爾滾」的連續動作之前，必須先徹底練習1到3的步驟。

四腳朝天

訓練重點

● 訓練狗狗聽到指令，馬上倒在地上裝死，同時保持平躺或者四腳朝天的姿勢，等到指令解除。

這個把戲看起來酷斃了，但是需要狗狗迅速地倒在地上、靜止不動，才能達到戲劇性的效果。這個把戲要多逼真，就有多逼真，你可以教狗狗看到你做出手槍的動作，或者拿玩具槍當道具，而四腳朝天的裝死，還可以叫牠把眼睛閉上喔。在開始這個訓練之前，先複習一下，確定狗狗能流暢做出「趴下」（28頁）、「等等」（30頁），以及「翻身」（54頁）等動作。這些都是表演裝死前的必要條件。

① 下令狗狗「翻身」，當牠轉到一半時，發號「等等」指令，一旦牠固定靜止時，按響片，給獎品。多練習幾次，慢慢地在獎賞前，延長靜止等待的時間。

② 若要狗狗向上伸出前腳表演四腳朝天，要你伸出手來引導牠觸碰，並施「握手」的指令（36頁）。當牠的前腳到達你要求的位置時，按響片給獎品。慢慢抬高你手的位置，直到牠清楚了解前腳該放的位置。

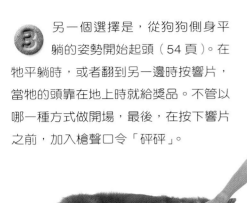

③ 另一個選擇是，從狗狗側身平躺的姿勢開始起頭（54頁）。在牠平躺時，或者翻到另一邊時按響片，當牠的頭靠在地上時就給獎品。不管以哪一種方式做開場，最後，在按下響片之前，加入槍聲口令「砰砰」。

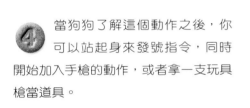

④ 當狗狗了解這個動作之後，你可以站起身來發號指令，同時開始加入手槍的動作，或者拿一支玩具槍當道具。

⑤ 為了達到驚人的戲劇效果，要反覆練習，最後甚至可以去掉口頭指令，完全引導狗狗看到手槍的暗示就演出四腳朝天的動作。

🐾 訓練要訣

- 漸進式地熟練這個指令，並加快狗狗倒在地上的速度。可從「趴下、翻身」開始，接著「翻身、等等」，最後就可以要求牠「砰砰、等等」。

- 要讓狗狗閉上眼睛，可以試著親拍一下牠兩眼中間的額頭部位。一旦牠閉上眼睛時，就按響片。然後藉由延後按響片的時間，來拉長狗狗閉眼睛的時間。你也可以從側身平躺開始訓練，等牠躺一陣子後，牠會開始放鬆想要打盹，這時候，一看到牠眼睛閉上了，就按響片。

下台一鞠躬

訓練重點

● 訓練狗狗壓低前半身體，前腳將身體後推，屁股翹高，表演鞠躬動作。

好的演出者，在表演結束的時候，都會激起觀眾的迴響，並且答謝觀眾的熱情。你跟狗狗表演到最後，別忘了也要很有風度的下台一鞠躬喔！你可以訓練牠跟你互相敬禮，或者是你們同時向觀眾敬禮。

敬禮這個動作的重點，借用了狗狗趴下的動作。當牠的屁股還沒整個坐到地下之前，稍微暫停並保持這個動作。

訓練要訣

● 可想而知，這個動作的時間點極為重要，必須在狗狗的前半身趴下，但是後半部還沒全部趴下之前，按壓響片，獎賞牠。要是你在牠做超過了一半動作之後，才按響片，牠會以為你在獎賞牠完成趴下的動作。

● 這個動作，極需要狗狗背脊的彈性，所以應當循序漸進，確定牠的身體可以適應。

● 選擇一個與「趴下」發音完全不同的口令，避免狗狗混淆兩個動作。

● 若狗狗總是習慣性的趴下整個身體，可把這個動作拆解開來，一小步一小步的鼓勵牠。比方說牠的鼻子壓低了，或者頭壓低了，都可以獎勵牠。

1 狗狗面對你站立，以向上餵食的手勢，拿好零嘴靠近牠的鼻子。

　　假使狗狗對於趴下的動作很拿手，而你響片也操作得很得心應手，那我們可以用另一個方式來訓練這個絕活。直接命令狗狗「趴下」，但是在牠動作做一半時，也就是前腳下壓，但後腿還翹著時，按壓響片，給獎品。另外還有一個方式，你還記得前面提到的，觀察並「捕捉」狗狗自然的動作嗎？沒錯！其實我們所謂的「敬禮」動作，狗狗生來就會喔！仔細看看，你家狗狗剛起床伸懶腰的時候，牠是不是自然地壓低前腳？這時候趕快準備好你的響片，「捕捉」牠這個動作喔！

2 　穩定地把食物往牠的身體方向移動，並且向下朝45度角移動。目的是讓牠的鼻子向下並且向自己的身體後推，所以牠的前腳也會連帶跟著下壓。一旦牠的身體向後縮並下壓時，即便只有一點點，也要趕快按下響片，在牠完全變成趴下之前獎勵牠。

3 　接著，藉由延後押響片的時間，來訓練狗狗逐漸地多壓低身體一些。最終，牠可以壓低到手肘著地，而屁股卻還維持抬高的姿勢。當狗狗明白這個動作之後，就可在獎賞之前，加入口頭指令「敬禮」。不斷反覆練習，這樣狗狗應該會懂得連結口令和動作之間的關係。

4 　現在試試看，從你原本跪坐的姿勢站起來。若狗狗可以聽從口令，執行動作，那就可以開始跟牠面對面互相敬禮，或者肩並肩的跟觀眾鞠躬了。

羞羞臉

訓練重點

● 訓練狗狗用一隻前腳或雙腳擋住鼻子，做出好像羞羞臉樣子的動作。

這個把戲，其實是引用自狗狗天生的洗臉動作。你可以修正牠前腳遮臉的位置，或者甚至訓練牠兩腳同時遮住臉。

要訓練這個動作，你要找一個方法去啟動牠的本能動作。有些狗狗對於臉部周圍還有觸鬚相當敏感，所以一點點的碰觸，就足以刺激牠。但有些狗狗則需要更強的刺激，比方要用稍具黏性的貼紙，或者用細繩子小心圈住牠的鼻嘴，才能誘發牠的動作。但務必注意，使用的道具要能輕易地被撥開，並且不會害狗狗受傷或嚇壞牠，甚至卡住牠的呼吸等等。

①　狗狗面對你坐下，輕輕的把道具掛在牠的鼻嘴上。這裡示範的是用牽狗繩的握把部分，小心的圈掛在狗狗的鼻嘴上。

② 命令狗狗「等等」（30頁），並將你的手移開牠的鼻嘴。準備好響片跟零嘴，然後給牠解除的訊號。現在，牠可以撥開臉上的道具了。

🐾 **訓練要訣**

• 若狗狗覺得這個動作挺有難度的，試試看讓狗狗從趴下姿勢開始。這樣一來，因為前腳的位置和臉的位置比較靠近，對有些狗狗來說相對比較容易。

• 當狗狗能有信心地聽從指令遮住臉之後，那你可以開始設計將它和其他把戲結合。比方說，不好意思「羞羞臉」加上「拜託」（42頁），或是「敬禮」（58頁），你可以結合許多把戲來變化喔！

③ 當牠抬起腳來準備要撥開時，按下響片，給獎品。每當牠撥一下，就按響片，直到牠把道具撥開為止。重複練習到狗狗明白這個動作，然後在獎賞之前，同樣的加入口頭指令「羞羞臉」，並持續練習到狗狗能夠聽從口令就做出動作。你可以運用口令「等等」，來延長狗狗腳掌放在臉上的時間，或者延後按下響片的時間。

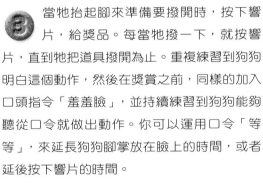

⭐ **兩腳同時躲貓貓**

訓練狗狗兩腳同時放在臉上，要從趴下的姿勢開始。然後，在牠的兩頰上抹上一點點的軟性食物，讓牠試著去把臉上的東西撥掉。當牠舉起任何一隻腳時，按響片。一旦牠有概念時，給這個動作另外一個「躲貓貓」的口令，讓牠知道它和用一腳遮臉的動作不同。

你丟我接

這個把戲是必學絕技,但卻出奇的難學,狗狗必須要有很好的「眼口協調性」,但這全靠練習才能實現。先從命令狗狗「等等」開始(30頁),讓牠能安靜、穩定地讓你放道具在牠的鼻子上方,並等候你的指令。

雖然可以拿零嘴當作道具,但比較有效的方式是用扁平面的物體,像是塑膠蓋,或者軟的小玩具,才可以防止狗狗偷吃來自我獎勵。用食物做練習,也會使狗狗自己故意讓食物從鼻子邊溜下,落入牠的饞嘴裡。

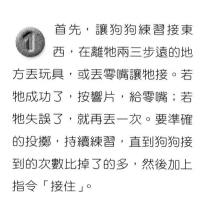 ① 首先,讓狗狗練習接東西,在離牠兩三步遠的地方丟玩具,或丟零嘴讓牠接。若牠成功了,按響片,給零嘴;若牠失誤了,就再丟一次。要準確的投擲,持續練習,直到狗狗接到的次數比掉了的多,然後加上指令「接住」。

你丟我接默契佳

　　有些狗對於丟接的遊戲，有點興趣缺缺，而且需要一點激勵。在練習這個動作時，若牠沒接好，你一定要比牠還早去撿起玩具或是零嘴，這樣才能避免牠在還沒有完成任何要求動作前，就撿到免費的獎賞。除此之外，還可以將這個遊戲加上一點競爭性。若在未來你有兩隻狗的時候，狗狗會更投入，也會更積極。因為牠知道若自己沒接到時，另一隻對手可是會拿到獎賞呢！

 訓練要訣

- 選平面一點的道具，方便它在狗狗的鼻子上保持平衡。而道具也要容易翻轉和接住，檢查一下道具不能太重。
- 道具的大小要讓狗狗能看得見，大一點的丟在空中也會停留久一點。但若道具太大，則會遮住牠們的視線，所以牠可能會不願意放在鼻子上，或者想要低下頭好看見你。
- 當平衡道具放在鼻子上時，你要協助牠保持平衡，不要站得比牠高，牠會想抬起頭來看你。

2 讓狗狗坐下，並號令牠「等等」（30頁）。輕巧但穩健地把道具放在牠的鼻子上方，同時小心的擺放在一個平衡點上，不要讓道具擋住狗狗的眼睛。再次命令牠「等等」，在一兩秒之後，按下響片，走向狗狗身邊並把道具拿開，餵牠獎品。

3 平穩的放好道具在狗狗的鼻子上，試著鼓勵牠用鼻子拋起它。在狗狗看著你的時候，做出一個投擲的動作，目的是讓狗狗聯想剛開始的丟接練習，誘發牠翹起鼻子，把道具拋高。這樣一來，就可以按響片，然後獎賞牠。

4 不斷練習，直到狗狗成功的接住為止，然後按響片，給獎品。若狗狗實在不理解，在放道具在牠的鼻子之前，先跟牠多玩幾次丟接的動作。多次反覆，牠應該能夠理解其中的關聯。

面對面

訓練重點

• 不管主人走到哪，狗狗馬上跟隨並且面
對主人。

多多練習、移除障礙

觀察狗狗從哪個方向的訓練，能帶牠的身體回到比較直的位置。通常來說，狗狗會有一邊比較「順手」，多多鍛鍊牠比較有障礙的一側，來加強牠的靈活度。

雖然很多把戲都可以訓練狗狗獨立完成，但是一旦一起演出時，如何訓練狗狗和你出雙入對，像是演雙簧一樣呢？如同常見的競賽項目，聽音樂緊跟主人起舞（124 頁）⋯⋯這些把戲不但好玩極了，還能幫助你和狗狗同時健身，以及培養靈敏度。

懂得配合主人的狗狗，需要學會無時無刻看著主人，等候訊號。在這裡，雙方的距離不像服從訓練時那麼的靠近，因為你跟狗狗，都要有足夠的空間自由移動。「來」這個練習是個很好的開始，也是許多連貫動作的根基，訓練狗狗在移動的時候，同時保持專注力。

1. 一手拿著零嘴保持在你腰部的高度，另一隻手拿著響片，也放在腰部的位置，這時你的手肘應該呈 90度直角。當狗狗知道你手裡有食物時，牠會靠近來面對你。當牠站在你面前幾步遠的距離，身體同時與你呈一直線的當下，按下響片。

2. 把要給牠的獎賞，丟到你的側邊大約兩公尺的地方，狗狗會走過去吃。

③ 當牠吃完之後，應該會走回到你面前，想看看還有沒有更多好吃的，牠會向上看著你的手，或是你的臉。

訓練要訣

- 目的在訓練狗狗回到你面前，前腳對齊著你，而後腿敏捷地跟過來，同時擺直身體。這個訓練，同時能加強牠對身體後半部的控制。
- 練習時，找一個乾淨的地板，並確保有足夠的空間，可以順利地讓狗狗找到你丟給牠的獎品，而且不會被其他雜物所吸引。牠會很快就明白，你是最佳且唯一的獎品來源。

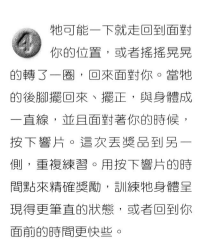

④ 牠可能一下就走回到面對你的位置，或者搖搖晃晃的轉了一圈，回來面對你。當牠的後腳擺回來、擺正，與身體成一直線，並且面對著你的時候，按下響片。這次丟獎品到另一側，重複練習。用按下響片的時間點來精確獎勵，訓練牠身體呈現得更筆直的狀態，或者回到你面前的時間更快些。

⑤ 不斷的練習，讓牠意識到重點在於「自己如何回到你面前」。每次丟零嘴給牠之後，試著轉離開牠 90 度，這樣可以強迫牠扭動身體轉過來面對你，一但牠身體完全筆直地面對你時，再按響片。最後，獎賞之前加上口頭指令「來」。

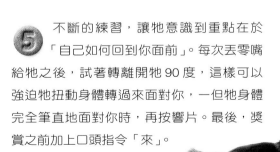

橫向跨步

訓練重點

• 訓練狗狗跟主人面對面，一起橫向跨步走。

狗狗前面已經學會了跟你面對面，接下來可以把這個動作延伸為面對面一起橫跨步。剛開始，先強調各個不同方向的面對面練習，然後，再加上橫向移動的跨步。

當你開始橫向跨步時，要保持節奏感並輕快的移動腳步，若可以的話，先橫跨一步之後，另一隻腳再靠近前一隻腳來橫向移動，然後再跨出下一步，這樣看起來比較美觀。試著跨三步之後，要換方向橫跨之前，先側踢一下腳，像跳山地舞一樣。

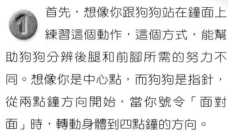

① 首先，想像你跟狗狗站在鐘面上練習這個動作，這個方式，能幫助狗狗分辨後腿和前腳所需的努力不同。想像你是中心點，而狗狗是指針，從兩點鐘方向開始，當你號令「面對面」時，轉動身體到四點鐘的方向。

⭐ **兩側都要練習喔**

狗狗通常有較擅長的一邊，而對於這兩邊，牠的移動方式會不太一樣。當往比較「上手」的一邊移動時，狗狗的後腿，通常會以交叉的方式跨步；而往另一邊時，牠們會把腳先併過來，卻不會交叉跨步。一般來說，狗狗往右邊橫跨的難度較高，尤其狗狗若沒有接受過兩側的「跟隨」訓練（32頁）的話。所有的特技應該同時訓練兩個方向，確保平衡的鍛鍊肌肉，以及增強柔軟度。

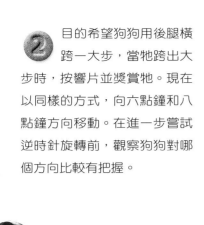

② 目的希望狗狗用後腿橫跨一大步，當牠跨出大步時，按響片並獎賞牠。現在以同樣的方式，向六點鐘和八點鐘方向移動。在進一步嘗試逆時針旋轉前，觀察狗狗對哪個方向比較有把握。

③ 現在，嘗試向狗狗較為有自信的方向跨出一大步，施「面對面」口令，別忘了之前說的，你手擺放的位置要正確。當狗狗用後腿跨開步伐時，按響片然後給獎品。

④ 重複練習，著重訓練狗狗前腳跟後腳同步跨出，在踏出兩步之後給獎賞。當牠動作熟練之後，多加幾個跨步來加快速度，然後，再導入不同方向的練習。

訓練要訣

- 以歡樂的音樂配合這個練習，一方面可以保持節奏感，二方面更可以增加樂趣。
- 以堅定活潑的腳步來鼓勵狗狗積極的參與跨步。
- 盡量在狗狗的腿，跟你的身體呈直線時，按下響片。
- 確定有足夠的空間自由移動，不會撞到傢俱或牆壁。在一個封閉的空間裡，狗狗可能有壓迫感而不願意移動。

原地繞圈

這個動作可以是定點繞圈，或者設計為連續動作的一部分。然而，狗狗要能成功轉圈和完成接下來的動作，最重要的是：你的手要引導得正確，狗狗才能順利的轉圈，並且在轉完時面對正確的方向，繼續完成後續動作。藉由你的手，同時也能指示狗狗，你要牠往哪個方向轉圈。

若不確定該用那隻手做指揮，想像一下游蛙式時的姿勢，右手順時針划水，而左手逆時針划水。沒錯，同樣的原理可以應用在這個訓練上。

① 狗狗面對著你站著，你右手拿零嘴放在牠鼻頭上方。手沿著牠的鼻子平行、直線向後移，移到牠的右肩位置，誘導牠的頭往右邊轉。當牠轉頭到肩膀時，按下響片，給牠獎品。

② 現在，鼓勵牠的頭更進一步地往尾巴的方向轉，直到牠的前腳跟著移動，一旦移動，按響片給獎品。

- 當狗狗能繞一個圈時，試著鼓勵牠繼續繞圈。方法是延後按響片的時間，一直等到牠繞了一圈半或兩圈之後，才按響片。
- 若是你在誘導時卡住了，檢查一下你是不是用錯隻手了，你要指示狗狗轉正確的方向。
- 讓狗狗自己控制轉圈的速度，再逐步地增加速度。
- 別忘了訓練另一個方向，換另一隻手誘導，並且給這個動作不同的口令。比如說，順時針叫做「右轉」，而逆時針叫做「左轉」。
- 當狗狗在你面前已經能熟練地原地繞圈，嘗試在走路的情況下，號令牠轉圈，等轉完圈後，再繼續行進。

3 這一次，開始要求牠轉一整圈。誘導牠的鼻子超過尾巴，前後腳跟著移動轉圈，當牠轉過了半圈時，按下響片。接下來，狗狗很自然地會完成後半圈，好讓自己可以面向你，領取獎品。

4 當牠面對著你正面站立時，給牠獎品。反覆這個練習，直到能流暢地完成一個圈。記得！在牠轉半圈時按響片，轉完整圈面向你時，給獎品。很快的，你應該不用再拿誘餌，卻可單純用手勢指示牠。一旦狗狗有概念之後，在按響片給零嘴之前，加入口頭指令「右轉」。最後，試試看站起來，不用手勢，只發號口令，狗狗應該能成功地原地繞圈。

圍繞轉圈

這個訓練是許多繞圈特技的基礎，像是繞單腿（75頁），還有繞竿行走（82頁）。除此之外，它也能幫助狗狗在開始一些複雜的特技之前，做好準備，像是穿梭行走（78頁）。

狗狗能否流暢地繞著你轉圈，必須確定你能快速且平順地用兩手傳遞零嘴。要是過程中停頓，或是失手了，狗狗的轉圈會失去了連貫性，還會因而分心或感到迷惑。在開始訓練牠之前，自己先練習用手傳遞零嘴，從身體前面和後面傳遞，另外，也要順時針和逆時針傳遞。

 正面學習

練習的時間長短，針對狗狗狀態做調整，若狗狗很興奮並且喜歡這個訓練，那就繼續下去。記住一點，每次練習，都要結束在高潮點，這樣狗狗才會保持信心，下次再繼續。當訓練的狀況很差時，狗狗可能十分困惑、感到無聊，或者很疲累，這時候，馬上換成狗狗熟悉的特技，要求牠表演並給予獎賞。這樣一來，訓練就可以畫下美好的句點。等到你們兩個都恢復狀態之後，再重新開始比較困難的特技訓練。

① 開始時，號令狗狗站在你左後方的跟隨位置（32頁），右手握響片及零嘴。誘導狗狗從你前方越過，轉到你的右手邊。

訓練要訣

- 零嘴太小，或是拿在手裡太難傳遞的話，試著兩隻手都拿著一些零嘴。
- 這種移動的訓練，其實拿玩具比起食物，可能更為有效，前提是狗狗對玩具有興趣的話。
- 別忘了練習另一方向的轉圈。用另一隻手，遵循相反的轉圈順序，並選發音不同的口令以示區別，號令狗狗轉另一個方向。
- 訓練小型犬，你最好跪坐下來，比較容易引導牠做這個動作。
- 一旦狗狗熟練這個動作，接下來你可以變化一下這個特技。比方說，同時跟牠反向繞圈等。

2 引導狗狗繼續繞向你的後方，流暢地把零嘴換到另外一隻手，讓狗狗保持移動。

3 當狗狗繼續跟隨你的手，繞到你的左邊時，按下響片。

4 鼓勵狗狗完成整個繞圈，同時把牠帶回到開始的原點，站立在你身旁，然後給牠獎品。重複這個連續動作兩、三次，每一次在你零嘴換手時按響片。但是，這次不用等到牠回到原點後才給獎品，可以在繞圈的不同定點上，給牠獎品。現在加入口頭指令「小圈」，然後不用誘餌，試著光用手的移動，來引導狗狗。一旦狗狗學會了口頭指令後，甚至連手的引導，都可以慢慢的省略。

繞著主人跑

這個特技如果訓練成功，狗狗看起來像是軌道上的月亮，繞著地球一般的主人跑。至於圓圈要多大，取決於你有多大的空間，以及最初訓練時，你所訂下的半徑有多大。

先前已經教過狗狗圍繞轉圈（70頁），現在則要訓練牠繞更大的圈。進行這個訓練，幼犬柵欄（11頁）是最好的道具，但不要用堅固的隔離板，要讓狗狗還能清楚看到你的指示。除此之外，還可以順應狀況，調整形狀和大小。若是要求的圓圈很大的話，可能需要兩個幼犬柵欄連在一塊才行。

① 把柵欄架設為一個大圈，主人站在柵欄內，拿著零嘴站在圈內繞圈，誘導狗狗在柵欄外跟著繞圈。

② 一旦狗狗開始移動腳步，每當跑了幾步之後，就丟幾個零嘴在牠的面前，當牠往前靠近去吃零嘴之前，按下響片。完成幾圈的練習，並且在按響片、給獎品之前，加入口頭指令「大圈」。

當狗狗理解這個命令之後，試著站在中心點，原地旋轉，下口頭指令。狗狗一旦開始移動，按響片，把零嘴丟在牠前方一、兩步的地上，來保持繞圈的流動感。在訓練熟練之後，減少並改變丟給狗狗獎賞的份量。比方說，半圈之後給予獎賞，漸漸變成一圈半後才獎賞，接著一圈時給獎品，然後兩圈時再給等等。這樣可以降低狗狗的預期心理，訓練狗狗專注在持續繞圈上，直到你有其他的指示為止。

★ 反向旋轉

這個特技是在狗狗轉圈時，主人自己往反方向原地轉圈。一開始時，在狗狗跑出你的視線範圍之後，轉半個圈，不斷重複，直到你可以在不干擾狗狗的情況下，轉完整圈。

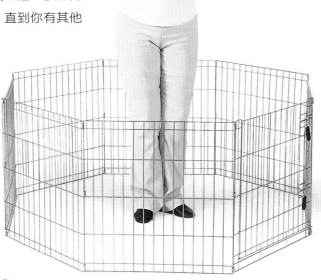

 當狗狗學會聽從口令繞圈時，試著移開柵欄。你要總是在牠離你最遠的時候按響片，好讓狗狗保持在距離之外，然後把獎品丟出去給牠。要是牠總是忍不住向你靠近的話，向外丟一個零嘴把牠誘導出去，然後在牠快吃到前按響片。

訓練要訣

* 不要擔心丟食物給狗狗時丟得太遠，只要丟在狗狗前方的話，牠很快會回到圓圈軌道上。
* 在你移開柵欄之後，如果狗狗堅持向你靠近的話，就把柵欄再次架起來，多加練習。
* 兩個方向的繞圈都要訓練，分別給予不同的口令。

火車過山洞

表演比較複雜的特技,除了要求動作靈活和巧妙移動之外,狗狗也必須對主人具備信心,相信主人很謹慎,因為主人不會一腳踩在牠們身上。這個特技可以幫助雙方建立互信基礎,同時增強身體的柔韌度。

① 狗狗站在你面前,以「等等」(30頁)作為開始。雙腿打開,寬度要能容下狗狗,讓牠能舒服地走過去。把零嘴放在身體後方 2.5 到 5 公分的兩腿中間。叫狗狗的名字,當牠的鼻子穿過你的雙腿,而還沒咬到零嘴之前,按下響片。如果牠一咬起零嘴,就縮起身體退回去的話,也不要擔心。

② 重複這個練習,漸漸把零嘴放離你的背後,愈遠愈好,直到狗狗得要完全穿過你的雙腿為止。當牠從下穿過時,按響片。等牠完全穿過、咬到零嘴時,轉身過來面對牠,然後,再往腳下丟一個零嘴,誘使狗狗轉身,再次穿過你的雙腿。重複練習訓練狗狗快速地移動,一旦牠建立了信心,在按響片之前,加入口頭指令「過山洞」。

繞單腿

訓練重點

• 訓練狗狗聽從指令，繞過主人的單腿轉圈。

訓練要訣

• 訓練狗狗過山洞時，若牠總是繞過你，而不是從你腳下穿過，試著不要把零嘴丟得太後面，循序漸進地引導狗狗穿過。
• 幫助狗狗最好的方法，就是給牠足夠的空間。還有，盡量給牠暢通的繞圈路徑，像是你垂下的頭髮、衣服、頭和手，都盡量不要檔到牠的通道。
• 目標是希望狗狗直接穿越你的雙腿，快速而且俐落。
• 試著使用按鈕式響片（參考第 10 頁），在你雙手握著零嘴時，更方便你操作。

主人在移動時，訓練狗狗繞著主人腿的任何特技，比方說穿梭行走（78 頁）或繞單腿的這個訓練，都極為重要。它們都可用來幫助狗狗建立必要的信心，同時，這個訓練也可以鍛鍊狗狗身體的彈性。

① 要繞左腿時，狗狗要站在你的左邊。右手拿好響片，雙手都拿一些零嘴。以右手誘導狗狗從前面繞過你的左腿，同時穿過你的雙腿之間，然後再切換狗狗的注意力到你左手的零嘴上。當牠穿過你的腿後，按響片。

② 以左手將狗狗帶回到左邊起點，然後給零嘴。反覆幾次練習，當狗狗理解之後，減少誘導，並且在轉圈的不同點上按響片給獎賞，以鼓勵狗狗動作的連貫性。接著，加進口頭指令「過山洞、小圈」讓狗狗知道牠需要先穿過你的腿，然後繞圈子。當狗狗理解口令跟動作之後，牠應該知道如何在你直起身子站著的時候做動作。也別忘了訓練牠繞你的右腳，用相反的手部引導動作，以逆時針方向繞圈。

8 字型繞圈

訓練重點

• 訓練狗狗以 8 字型繞行主人的雙腿。

在進行訓練之前,先確定狗狗已經學會分別繞行你的左右兩腿(以逆時針方向繞右腿,而順時針繞左腿,詳見 75 頁),同時可以自在的從你的腿下穿過(74 頁)。只要能熟練上述的動作,狗狗就比較不會不小心遺漏了 8 字型繞圈中的某個分解動作,或者不會因為沒辦法明白你的指令,而猶豫遲疑。

當你們破解了 8 字型繞圈的訣竅之後,這個保持在定點下繞圈,所建立的基礎,將可以應用在多項穿梭特技上,甚至在你們同時移動的狀況下,也不成問題。

① 狗狗站在你的左邊,以左手拿食物,誘導牠從前面繞過你的左腳。同時,拿著食物的右手,放在右腿膝蓋後,流暢地從左手切換到右手,引導狗狗的動線,誘使牠穿過你的雙腿之間。

② 引導牠繞過你的右腿後方，到前面來。接著換成左手放在左膝蓋後面，拿著食物誘導牠，再穿到你的左腿後方。當牠穿過之後按下響片，帶領牠回到你左側的起點，給予獎品。練習直到動作熟練，再改變一下按響片和給予獎品的時間點，以鼓勵牠繼續穿梭，不要停頓，最後加上口頭指令「穿梭」。

③ 當狗狗理解之後，減少食物的引導，而試著只用手勢引導。一旦牠學會聽從口頭指令，你就可以站起身子來，然後逐漸減去手勢的指揮。

④ 持續練習，狗狗動作會愈來愈快，最後，可以只靠口頭指令就做出正確動作。

🐾 訓練要訣

- 幫助狗狗穿梭在你雙腿之間，你可以稍微的彎曲你的腿，這可以讓路徑清楚呈現，提供給狗狗適度的引導。
- 初始目標設定在狗狗第二次穿過你的雙腿時，完成整個 8 字型之後，再按響片。
- 剛開始穿梭時，拿零嘴的手不要移動得太快，這樣狗狗會想要走捷徑去領獎品。

穿梭行走

想要這個特技看起來夠炫，得先著重在你自己的走路
姿態。避免拖泥帶水或者腳步交替得太快，盡可能昂
首闊步，自信並且目標明確。

在開始之前，先確定你家狗狗已經學會聽從指令，完
成定點的 8 字型穿梭（76 頁）。這樣的話，才能避免
當你抬腿跨步時，還得彎下身子去誘導狗狗穿梭的窘
境。

1 讓狗狗站在你的左側起步，抬起你的右腿並號令「穿梭」，當狗狗從你腳下穿過時，順勢向前邁進一步。

2 當你的腳著地時，再次號令「穿梭」，以鼓勵狗狗穿過你的另一隻腳。

3 抬起左腿，當狗狗從腿下穿過時，按響片，等牠回到你的左邊時，給予獎賞。最後，試著慢慢多加一些跨步，然後才按響片。在狗狗回到你的任何一側時，隨機性的獎賞牠。

側步穿梭

訓練時先放慢速度，讓狗狗明白你的要求。每次先從走一步開始，練習輪流用一隻腳保持平衡，你家狗狗絕不希望你搖搖晃晃，甚至跌在牠身上。

① 先讓狗狗站在你的左邊，向前抬高你的右腳，號令狗狗「穿梭」。當牠從你腳下穿過時，右腳橫向往左跨過左腳，左腳向左挪一步。然後，再次抬起右腳，橫向跨過左腳。

② 現在向前抬起左腳，然後號令狗狗「穿梭」。這樣一來，牠會從另一個方向穿過你的腿，一當牠穿過，按響片，然後把高抬的左腿橫跨右腿，右腿往右側跨步。當狗狗轉過來面向你時，給牠獎勵。慢慢地建立連貫性，記得兩側都要練習。

1—2—3 踢踏舞

① 狗狗站在右邊，向前
踢出你的左腳，並且
號令狗狗「穿梭」。

這個特技不但有趣，並且能讓一隻慢吞
吞或懶散的狗，開始動起來。雖然你的
舞步移動地飛快，但狗狗並不需要以同
樣的速度穿梭。這個訓練中許多的舞步
和活力都可以激發牠的興趣，所以應該
很容易達到訓練目標。

開始之前，先好好看清楚每個步
驟，因為這跟「側步穿梭」有些
不同（79頁），而且要求多一點
的協調性。在跳舞的時候，你可
以心裡默念「1—2—3 踢！」來
掌握節奏感，並且播放活潑的音
樂，一起大跳踢踏舞吧！

② 狗狗穿過左腿時，左
腿順勢跨過右腿，重
心向右側移。

③ 右腳向右橫跨一步。

訓練要訣

- 務必小心，不要踩在狗狗的腳上。
- 開始時務必慢一點，等到狗狗理解你要求的動作後，再慢慢加快速度。
- 最初只要狗狗完成一個方向的穿梭時，就按響片，給獎品。然後，延長到兩邊都完成時，再獎勵牠。
- 要是狗狗跑跳過後變得過度興奮，安插幾個比較靜態的把戲，然後再回頭繼續這個練習。

④ 左腳再次交叉跨過右腳。

⑤ 右腳向前踢出，號令狗狗「穿梭」，接著右腳向左橫跨左腳。重複剛才前面的連續動作，只是這次是向左側移。唷呼！1—2—3踢！

繞竿行走

訓練重點

• 訓練狗狗繞著竿子轉圈,同時懂得根據你伸出的手,正確地順時針或逆時針繞圈。

透過繞竿子這個訓練作為起步,你可以慢慢引進更多的周邊特技,像是訓練狗狗跳過竿子、從底下穿過、繞竿子轉圈,或甚至用竿子來指示方向,還是用來創造更多新的把戲。

竿子相關的練習,可以在未來訓練成用拐杖演出的特技。然而在這個階段,為了避免讓狗狗迷惑,以及方便你騰出雙手,建議你先使用一支可以獨立豎起的竿子。你可以購買配有圓錐底座的竿子或者自己製作(參考 11 頁)。

① 竿子和狗狗在你的右邊,用右手誘導狗狗繞過竿子,遠離你。

② 帶領牠繞完整圈,並在牠快完成前,按下響片,然後給獎賞。重複練習,慢慢增加圈數,等繞完兩、三圈後再獎賞,最後在按響片之前,加入口頭指令「繞圈」。

⭐ 表演企劃

任何把戲在開始訓練之前,可以先想好未來演出時的模樣。若它是連續動作的其中一個步驟,那麼訓練移動的方向就格外重要。比方說,這裡所教的繞圈方向,你要能行走、放置你的拐杖,並且跟狗狗反方向行走。若你一開始所教的方向有誤,那動作就沒辦法連貫,搞不好你還得轉過身,或者換手拿拐杖,才能完成整組動作。

③ 現在，減少手勢的指引，反覆練習，直到當你把右手固定在竿子上，而狗狗懂得逆時針繞圈為止。

④ 當狗狗學會動作，也理解口令之後，可以開始練習另一個方向的繞圈。這次，狗狗站在你的左邊，相反的，以順時針方向繞圈。

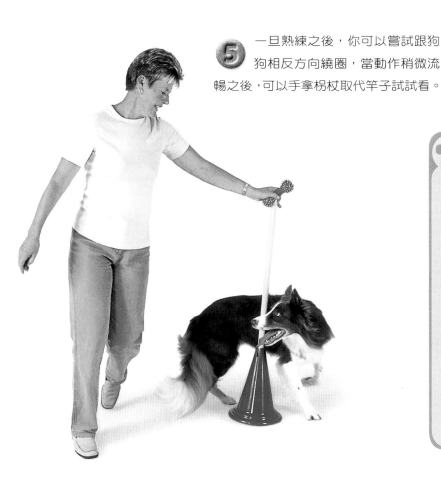

⑤ 一旦熟練之後，你可以嘗試跟狗狗相反方向繞圈，當動作稍微流暢之後，可以手拿柺杖取代竿子試試看。

🐾 訓練要訣

- 訓練這個特技，最好先用附底座、單支豎立的竿子開始。因為要一手誘導狗的路線，一手又要豎直竿子實在不容易，雙手一定會打結，狗狗也會無所適從。
- 開始練習之前，先從繞著主人轉開始熱身（參考頁70到73），這樣可以幫狗狗回想起繞圈的基本概念。
- 這個訓練，用玩具來誘導比較合適，因為玩具較大且醒目。

8 字型繞竿行走

首先，用兩根獨立豎直的竿
子開始訓練，讓狗狗對這
個 8 的圖形，產生概念。
目前，牠應該已經學會怎麼
繞竿子，也懂得根據你用哪
隻手做引導，而往正確的
方向繞圈（82 頁）。只要把
這些所學巧妙地串連起來，
一組流暢的表演於是產生。
不過，要讓這個演出看起來
更炫，必須努力到只需要一
根枴杖，然後，大膽想像自
己變成踢踏舞王弗雷亞斯坦
（Fred Astaire）！

 站在兩支竿子的中間，並
且稍微退後一些，左右以
雙手能碰到兩支竿子的距離為
準。狗狗站在左邊作為開始，用
左手誘導牠順時針繞行左邊的竿
子，並發號口令「繞圈」。

 當狗狗繞完左圈面對你
時，把玩具換到右手，並
誘導牠逆時針的繞行右邊竿子，
同樣的號令「繞圈」。

當狗狗完成右圈，再
度面向你時，再把玩
具換到左手，並引導牠回到
最開始的位置。一旦牠回到
原點，按響片給零嘴。反覆
練習這個連續動作，逐漸增
加狗狗繞行的圈數，再給獎
賞。經由練習，漸漸地減少
誘導，直到狗狗能夠依據你
手放在哪根竿子上，就會正
確地繞圈為止。

④ 當狗狗學會正確繞圈之後，表示你可以進一步用枴杖取代竿子來做訓練了。先將枴杖立在右手邊，然後號令狗狗「繞圈」。

⑤ 接著，把枴杖交給左手。

⑥ 將枴杖豎立在左手邊，號令狗狗「繞圈」，牠應該知道這次得要順時針繞圈。

倒退嚕

訓練重點

• 訓練狗狗聽從指令後退走。

後退動作在特技裡，往往有很好的戲劇效果，許多狗狗也能很快地學會這個動作。這個訓練除了促進演出效果之外，學會後退走的狗狗，在家裡，身手也通常較為敏捷，因為牠能夠靈活地退後讓路。後退走，可以用很多不同的方式來訓練。

訓練要訣

• 若狗狗在你按下響片之前，就停止後退，這時請先等一等，看牠是不是會再退一步。或者，乾脆重來一次。記得你自己不要往後退，這樣反而會驅使狗狗向前跟過來。

• 零嘴放的位置不要過遠，因為狗狗可能會整個身體穿過去。

• 第一種方法特別適合訓練小型犬，因為牠們必須多退幾步才能看得到你的臉。

方法一

這個方法，是用食物來激發正確的行為，但狗狗可以自己去發掘，你所要求的動作是什麼。

1 雙腳打開到能讓狗狗穿過的距離，放一個零嘴在你腳後跟中央，鼓勵狗狗穿過你的雙腿去吃。一般來說，當牠吃完之後，應該會先後退，然後抬頭看著你的手或臉，想知道還有沒有更多的食物。

2 當牠退後一步的時候，就按下響片，然後把要給牠的零嘴，放到剛才腳後跟的位置，重複練習，直到狗狗建立清楚的概念為止。然而，這次當狗狗退後，並且看著你的時候，不要按響片。由於先前的練習，狗狗通常會退到相同的位置看著你，一邊等待響片的聲音，但由於這次沒有響片的聲音，牠會試著再退一、兩步試試看。如果牠真的多退一、兩步，就馬上按響片，然後再次把零嘴放在腳後跟的位置。逐步地拉長牠退後的距離，才嘉獎牠。一直等到狗狗能夠順利的後退走之後，加上口頭指令「後退」，並且慢慢減少零嘴放在腳後跟的引導動作。

方法二

這個方法，是用你身體的位置和手的動作，來將狗狗「推」到後退行走的狀態。

① 狗狗面對著你站立，拿好零嘴在牠鼻子的前方，保持手部的離地高度，再突然快速、堅定，卻又輕柔的往牠的鼻嘴方向推出去，目的是讓牠頭往後退，脖子向後縮。

⭐ 直線退後

幫助狗狗退後時保持一直線，可以借用「面對面」指令（64頁），牠應該學過如何將後腿併攏和前腳呈一直線。除此之外，也可以用幼犬柵欄擺設一個窄窄的通道（參考11頁及88頁），先叫牠從通道中走向你，而當牠退後時，只能順著這個有低矮圍牆的通道，慢慢退出去。

🐾 訓練要訣

• 手拿誘餌位置的高度非常重要，太高的話，狗狗會仰頭而坐下，太低的話，狗狗會跟著趴下。

• 你的平推速度要剛好，太慢的話，狗狗會乾脆坐下，或者根本不為所動。

② 這時，往前繼續平推，你身體和手的推擠，應該會造成牠自然後退。一旦牠退後一步，就馬上按響片，給零嘴。反覆練習，慢慢增加後退的距離。最後，在獎賞之前，加入口頭指令「後退」。

齊步後退

訓練重點

- 訓練狗狗保持在跟隨位置，跟主人一起踏步後退。

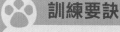

訓練要訣

- 主人要先練習能自信的後退行走。
- 移走了柵欄之後，適度的重複你的口令，提醒狗狗擺直身體。
- 若狗狗想要擠到你後面去，或者擺開身體的話，只好重新放置柵欄，多做練習。

除了前面所教的面向你後退走之外，你也可以訓練牠跟你一起往後退。這個訓練最好配合幼犬柵欄（11頁），並架設成一個通道，這能幫助你指示狗狗如何退後，以及往哪邊退後，其餘的可以讓牠自己琢磨。這樣一來，牠更容易得到獎賞，也能更有效地學好這項特技。

1 用幼犬柵欄圍成通道，寬度要能容納你和狗狗並肩行走。狗狗站在你左側的跟隨位置（32頁）上，拿好零嘴在牠鼻子的高度。

2 你往後退，但手的高度維持不變，輕柔地將零嘴往狗狗的鼻子方向平推。當牠後退一步，就馬上按響片，給獎賞。反覆練習，逐漸延後按響片的時間，來增加牠後退的距離，一旦牠信心增強後，加進口頭指令「後退、走」。要練習到牠能退到兩、三公尺後，接著才可以移開柵欄再試一試。

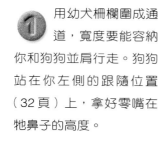

後退繞圈

訓練重點

- 訓練狗狗緊貼主人，以後退的方式繞著主人轉圈。

幼犬柵欄再次派上用場，用它來指示狗狗做出要求的動作，但這次要圍成圓圈。一旦奠定好基礎，就可以移除柵欄，在開放空間裡練習。

訓練要訣

- 依據狗狗的體型，調整柵欄大小。
- 檢查一下你背後的空間，是否能夠容納狗狗繞行。
- 若你沒有幼犬柵欄，試著應用房間裡的一個角落。利用你跟牆壁角落之間的空隙，訓練狗狗一次後退繞半圈。

1 用柵欄圍成圓圈，以你為中心時，尺寸是狗狗剛好能夠圍著你繞圈的大小。先讓狗狗繞著你往前行走，好適應一下圓圈的空間大小。然後，讓牠站在你左後方的跟隨位置，號令狗狗「後退」。如有必要，拿零嘴往狗狗鼻子的方向平推，藉以刺激牠後退。

2 當牠的鼻子慢慢退到了你右腿的位置，按響片，從你右手邊給牠獎賞，繼續完成剩下的半圈。然後，等牠後退整圈之後才嘉獎牠，甚至延長到成功繞完幾圈之後再按響片。你可以加入專用的口頭指令，或者結合現有的指令，像是「後退、繞圈」。

3 當狗狗可以連續退後幾圈之後，試著拿開柵欄。若牠也能完成任務的話，便可以開始練習另一個方向的繞圈，使用上述相同的兩個步驟做練習。

後退寶典

訓練重點

- 訓練狗狗先面對主人後退，接著轉身向著主人後退，最後穿過主人雙腿，完成時站立於主人的背後。

這個特技，其實是把先前教過的把戲集合起來，製造出的整體效果。要能表演完整的連續動作，狗狗要會聽從指令面對你後退、繞半圈，並且退後走，然後從你雙腿之間穿過。先徹底地練習個別的動作，不要急就章，奢望完成全套動作，否則會對狗狗造成太大的負荷。循序漸進的過程，才能達到一個較好且持久的結果。

① 首先，訓練狗狗後退穿過你的雙腿。要狗狗在你雙腿之間站著，拿好零嘴放在牠鼻子的高度，輕輕地向牠的鼻子方向後推。當牠整個身體穿過你的胯下時，按下響片，然後，當牠回到你旁邊時，給予獎賞。練習到不再需要推擠牠的鼻子為止，然後，加上口頭指令「向後退」。

⭐ 聲音的協助

當狗狗背對著你後退時，除非牠轉過頭來，不然的話，牠會掙扎地想看你處在何處，即便有些狗狗會盡量使用牠們的邊緣視野（Peripheral Vision）。這樣一來，你用聲音重複指令「向後退」，就能大大幫助狗狗確定你的位置。許多狗狗在做這個練習時，仰賴的就是你所發出的聲音。

現在逐漸拉長牠需要後退的距離。一開始時，你先在離牠背後一步遠的地方站立，號令牠後退，並在牠穿過你的雙腿時按響片，等到牠回到你身邊時再給零嘴。當距離慢慢拉開時，可以先號令牠「立正、等等」，然後你向後多退幾步，增加距離，直到牠可以後退有整個房間的距離。

🐾 **訓練要訣**

● 剛開始時，狗狗可能會後退撞到你腿上，試著略為調整你的位置，好讓牠順利穿過。

● 狗狗轉半圈時，需要求簡潔，不拖泥帶水，這樣牠往後退的角度才能正確無誤。

● 當你連結這些個別動作時，先觀察狗狗是不是一頭霧水。最好放慢速度，或者回到上一個步驟，好把小麻煩先擺平，以避免它演變為大問題。

③ 接著，開始訓練牠繞半圈，狗狗先面對你，誘導牠原地做繞圈的動作（68 頁）。

④ 在繞半圈時，當狗狗背對著你站立，就按響片，然後把獎賞丟到牠的前方，這樣能避免牠轉過身來領獎。訓練繞半圈時，若狗狗繞超過了 180 度時，你可以用手擋住牠臀部的擺動。同時，練習並加入口頭指令「轉身」，當狗狗能聽從口令轉身之後，將動作和後退走連在一起。先號令狗狗「立正、等等」，走到牠面前幾步遠的地方，號令牠「轉身」，然後「向後退」。當牠後退穿過你雙腿之間時，按響片。最後，連貫所有動作，你面對牠號令「後退、轉身、向後退」。

大躍進

訓練狗狗跳躍動作，會為你帶來一種完全不同層面的樂趣。記得先從低一點的高度開始，讓牠學習起跑和落地的正確技巧，避免不小心受傷的風險。你可以慢慢地增加障礙物的高度，狗狗也能用安全的方式應對，千萬不要太急躁。一般來說，70 公分高對多數大型、健碩、具敏捷訓練基礎的狗狗來說，已經相當足夠。

別忘了把狗狗的年紀、體格，還有健康狀態列入考量。如果有任何疑問，先請獸醫師檢查牠的身體，看牠是不是符合跳躍的標準。

保持專注

狗狗的跳躍能否成功，關鍵在於前腳要先起跳，也要先落下，要能做到這點，要牠注視著前進的方向。你常會看到狗狗彈跳過了柵欄後，四腳著地，或者後腿先落地。這往往是因為牠們仰頭看著主人，而非專注在眼前任務。在這種情況下，狗狗可能會撞到跨欄或不當落地，而有受傷的危險。當然，在敏捷度競賽裡，也會浪費了寶貴的秒數。

1 首先，架好 15 公分高的跨欄，這個高度狗狗可以輕鬆跳過，而且不會企圖從下面鑽過。先號令狗狗「等等」，然後你跨過柵欄，往前多走幾步，轉身面對狗狗。雙手開展，熱情地呼喊牠的名字，一旦牠跳過，馬上按下響片，當牠跑向你時給牠獎品。反覆練習幾次，加入口頭指令「跳」。

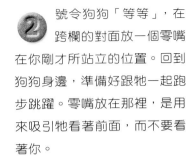

② 號令狗狗「等等」，在跨欄的對面放一個零嘴在你剛才所站立的位置。回到狗狗身邊，準備好跟牠一起跑步跳躍。零嘴放在那裡，是用來吸引牠看著前面，而不要看著你。

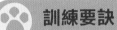

🐾 訓練要訣

- 若狗狗總是繞過跨欄，就要試著降低跨欄的高度，甚至可先把竿子平放在地面上作為開始。
- 當狗狗學會「跳」的動作之後，注意你發號口令的時間點。有些狗狗會一聽到你的號令就起跳，即便離跨欄還太遠的時候。試著讓狗狗從比較遠的距離，號令牠跳過去，或者等到牠接近跨欄時，再準確地發號口令「跳」。
- 當你增加跨欄的高度時，若狗狗是從跨欄底下鑽過，就先把竿子降低，反覆練習直到牠有足夠的信心。

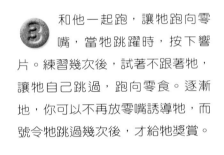

③ 和他一起跑，讓牠跑向零嘴，當牠跳躍時，按下響片。練習幾次後，試著不跟著牠，讓牠自己跳過，跑向零食。逐漸地，你可以不再放零嘴誘導牠，而號令牠跳過幾次後，才給牠獎賞。

⭐ 跳躍花招

當狗狗曉得「跳」的指令後，你可以坐在地上把腳伸直，讓狗狗站在身邊，然後丟一個零嘴到腿的另一側，號令牠「跳」。狗狗很快就能學會跳過你的腿，接著你就可以按下響片，然後反覆做雙向的跳躍練習。這個特技還能發展在當你站著的時候，狗狗跳過你的腳板。

飛躍吧！

- 主人以跪坐的姿勢展開雙臂，狗狗從手臂上一躍而過。

當狗狗學會跳過基本障礙物之後，你幾乎可以教牠跳過任何物體。要教狗狗跳過你的手臂，你需要找個幫手才能讓狗狗達到你的要求，以及如何正確的跳躍。牠得要跳過你的手臂而不只是你的手掌，眼睛看著前方而不是你。最好找個也養狗的朋友，這樣一來兩人都能受惠，甚至可以訓練兩隻狗同時跳過你的雙臂。

1️⃣ 請你的助手跪坐下來，伸出一隻手臂，同時不要抬得過高，讓狗狗保持在「等等」位置（30 頁），做好準備。拿好零嘴置於牠的鼻頭上方，解除等待號令後一起開跑，你要跑在牠前方一步遠的位置，用身體以及零嘴的誘導，指引牠跳過伸出的手臂。當牠一跳躍時按下響片，而當牠跳過跟上你之後，給牠獎賞，並反覆練習。

2️⃣ 若狗狗充滿自信心，請助手慢慢抬高手臂，最高可到肩膀的高度。引導狗狗練習不同方向的跳躍，並且分別練習跳過左右雙臂。

這次，號令狗狗面對助手等待，而你站在助手的後方，從手臂的另外一邊面對著狗狗，叫喚牠的名字並號令牠「跳」。一旦牠一起跳時就按下響片，而當牠跑到你面前時，給獎品。反覆練習，直到狗狗學會正確的跳躍動作。

★ 雙人特技

當狗狗學會自信的跳躍，你接著就可以教牠各種不同的花招，讓表演更多變化。若你有兩隻狗，試著叫一隻狗「趴下、等等」，並號令另一隻狗從牠身上跳過。當然，要先確定一下兩隻狗的體型是可以搭配的，加上脾氣也能互補。

🐾 訓練要訣

- 跟狗狗一塊跑時，要跑在牠前面一步遠的位置，讓牠有足夠的距離看清楚障礙物，並且判斷起跳的距離。若你在牠面前不到 15 公分的距離用手做引導，那牠只會盯著你手裡的食物看。

- 若狗狗從助手的手臂下鑽過去，要重新調整一下你和狗狗的位置，要讓牠能順著跳過去。

- 你可以改良這個特技，訓練狗狗從一個方向跳過去，然後從另一個方向跳回來，躍過另一隻手臂。你可以請助手示範，教狗狗如何轉身回來。

- 狗狗可以從任何方向跳過你的手臂，但一開始時，讓牠面對你跳躍是比較簡單的。

現在你或者助手可以獨立試驗這個動作。讓狗狗從坐下等待的姿勢開始，走到牠面前幾步遠的位置面對牠跪坐下來，抬高你的手臂，號令狗狗「跳」。當牠一跳躍，按響片，並且把獎賞丟到牠的面前。

跳環高手

教狗狗跳呼拉圈，可以是單獨的一項特技，也是未來牠跳過你臂環的基本動作。當牠知道看到呼拉圈就要跳時，你可以設計出狗狗跟隨在你左右，接著連續跳環的表演。不管走到哪，每當你展示呼拉圈時，狗狗就能一躍而過。

1 第一次展示呼拉圈時，將呼拉圈垂直立在地板上，讓狗狗跨步穿過。當牠的前半身穿過時按響片，而整個身體穿過呼拉圈時，就給獎品。接著，抬高呼拉圈離地約 5 到 7.5 公分高，再次以零嘴誘導牠穿過。同樣的，穿過一半時按響片，全部穿過時給獎賞。慢慢的增加高度，並且在按響片之前，加入口頭指令「跳圈」。

2 想要鼓勵狗狗跳得更高、更快時，可以把食物丟在呼拉圈的另外一邊，然後號令牠跳圈，當牠跳過時，按響片獎勵。經由反覆練習，最後牠可以完全不需要口頭指令，只要呼拉圈一出現，就能憑提示做出跳環的動作。

跳環拍檔

當狗狗對跳呼拉圈的動作已經駕輕就熟了,就可以嘗試這個更具難度的跳躍。這個特技也需要友人的協助,而訓練最終的成果,可以呈現出你和狗狗完美的團隊默契,以及對彼此的信賴。

1 要求狗狗「坐下、等等」,然後在牠前方幾步遠的地方,雙手圈繞形成圓圈,盡量靠近地板位置。這時候,請你的助手幫忙,站在圓圈的另一邊,用比較靠近狗狗的那隻手,拿著食物靠近圓圈的中央。號令「跳圈」,當牠一起步跳躍就按下響片,並請助手把手上零嘴丟到狗狗落點前方的幾步遠距離,反覆練習。

2 採取相同的步驟,慢慢增加高度。每次在你按響片之後,助手接著就把零嘴丟出去,幫助狗狗專注,同時繼續往前移動,完成整個動作。

3 當狗狗有足夠的信心跳躍過你用手臂圈成的圓圈,也理解口令時,接下來就可以嘗試免去助手的誘導。這次,將獎品預先放置在落點的前方位置,或者請助手站在身邊,隨時準備好丟出零嘴。然後你用手臂做好環狀,號令狗狗跳躍,當牠一起跳就按響片。透過不斷的練習,狗狗就能學會,每當你手臂做出環狀時,就表演正確動作。

扭扭舞

想要鍛練狗狗變得更靈活、更敏捷,沒有比這個訓練更好的選擇。這排穿梭的桿子一字排開,是所有敏捷度競賽裡眾所矚目的焦點,訓練有素的狗狗往往像一陣風般的完成任務。想達到這種參賽水準,當然需要大量的練習。然而,即便只是穩定的當作平時的鍛練,也會大幅提升狗狗的協調性,以及身體的韌性。

1 首先,站在整排桿子的最末端,而狗狗站在你的右手邊,當你引導狗狗左右穿梭每根桿子時,你要保持在整排桿子的左手邊。開始繞第一根桿子時,用食物誘導狗狗遠離你前進,並以逆時針的方向繞過桿子,然後切到下一根桿子的左後方,接著再以順時針的方向繞過第二根桿子,再切到第三根桿子的右後方,繼續這個 S 形模式繼續前進。

2 當牠的鼻子位於最後兩根桿子的中間時,按下響片。等牠完全繞出桿子時,給牠獎賞,反複練習幾次。

理解概念之後，狗狗應該可以單純跟隨你的手勢穿梭桿子，同時在每一次繞過桿子時，附加口頭指令「穿梭」。

🐾 訓練要訣

- 誘導時，讓狗狗頭部保持水平高度，這樣牠才能看清楚桿子的位置。
- 加快速度時，狗狗會從原本小跑步的方式，變成兩腳跳躍的跑步方式，穿梭於桿子之間。
- 保持耐性，要狗狗學會不需要手勢引導就能流暢地穿梭，需要一些時間。
- 要固定以同一種方式進行穿梭訓練，比方說，第一根桿子永遠在牠的左方，作為開始。

⭐ 全速前進

敏捷度競賽中，狗狗穿梭桿子時，起步的規則是第一根桿子必須位於狗狗的左邊。要訓練狗狗專注於快速、直接地穿過桿子，最好使用訓練通道：將桿子豎立在兩條平行線的正中央，而這兩條線所形成的通道寬度，剛好只能容納狗狗在其間行走。當狗狗學會緊靠中央行走後，調緊這兩條線的寬度，這樣一來，在穿梭的時候，狗狗必須稍微地扭動身體，同時不斷增加扭動的幅度，直到牠自己能完全的緊貼、穿過桿子為止。不過，此時的牠，會全神貫注在所有該穿過的桿子上，而非在意如何從桿子的一側移動到另一側去。

同樣的，當牠到達最後兩根桿子的中間時，按壓響片，然後把獎品丟到狗狗的前方，引導牠更快速的完成穿梭動作。多加練習，加快速度，並且慢慢減少手勢的導引，直到當你指著前方，發號口令，狗狗就會執行動作為止。終究，連手勢都能完全省略。

跟著主人走

訓練重點

• 當主人一伸出手時,訓練狗狗馬上用鼻子碰觸主人的手。不管主人走到哪,就跟到哪。

訓練狗狗要有成效,你必須將狗狗解決問題的天生能力列入評估。狗狗基本上有三種常用的工具:牠的鼻子、嘴巴,以及腳掌。而響片訓練的重點,在於鼓勵狗狗挖空心思,用盡所有的方法來找出目標任務的解答。

「目標物」的使用,是訓練狗狗用身體的特定部位去觸碰目標。這樣一來,狗狗便能聽從指令,正確地使用牠的腳、鼻子或者嘴巴。目標物的使用,可以運用在不同的情況下,同時延續每個動作到不同的物件上,或者也可用來訓練更複雜的特技。實際上,這個目標物就是叫狗狗「用鼻子來碰一下」的意思。

一開始,先訓練狗狗用鼻子碰觸或靠近你的手。這個簡單的技巧,可以提供你在不用誘餌的情況下,指引狗狗完成動作,比方說,腿後跟隨的動作。

1 把食物夾在中指跟無名指的中間,從手背要能看得見這個誘餌,但要緊緊的夾好,好讓狗狗聞得到,但沒法咬走它。

選擇目標物

　　把目標物當作特技訓練庫裡的一項工具,你不一定非得使用,但可能會發現在做某些特技訓練時,用了這個工具,還真是事半功倍。一般來說,有三種常用工具:

1. 你的手:很好的入門工具,適合在需要跟狗狗做比較接近的訓練,像是腿後跟隨以及翻身的動作時,用來取代玩具或零嘴做誘導,讓整體動作看起來更為簡潔流暢。

2. 目標棒:一支可以伸縮的棒子(參考 11 頁及 102 頁),專門針對比較大的繞圈動作,還有以後腿站立時訓練使用。除此之外,也可用來訓練狗狗抬高膝蓋小跑步,尤其在訓練小狗的時候,有了目標棒,就可以不用彎下腰來。

3. 目標標記:通常使用一個扁平的物品,像是一個小墊子、塑膠蓋子,或者一片木板,讓你可以訓練狗狗用腳或鼻子去碰觸這個記號(11 頁及 103 頁)。這個目標標記可以移到另一個物品上,用來指示狗狗下一個碰觸的目標。它適合用在與道具相關的練習上,比方說溜滑板(118 頁)或滾球練習(108 頁)。

②　向狗狗伸出手背,讓牠聞一聞這個零嘴,當牠靠過來聞,同時碰觸到你手的時候,按下響片,然後把手離開牠鼻子的範圍,用另一隻手給牠獎品。接著,再一次把夾零嘴的手移到牠的視線範圍內,當牠再靠過來聞時,同樣的,按響片給獎賞。

③　漸漸地訓練狗狗移動更大的距離來碰觸你的手,同時把獎品丟遠一些,好訓練牠快速地靠近。然後,試著不用食物,單用空手來引導牠,若狗狗還是過來碰觸你的手,就按響片給獎品。不斷練習,最後加入像是「鼻子」的口頭指令,慢慢地增加牠需要移動的距離,再按響片。等牠有了概念之後,不管你的手移到哪,狗狗應該就會跟到哪。

🐾 **訓練要訣**

- 若狗狗沒有在三秒內碰到你的手,就移開你的手,然後再一次把夾在手指間的零食秀給牠看,可以問問牠「這是什麼呀?」來吸引牠的注意力。

- 當狗狗聽話的跟隨目標物時,別忘了三不五時的按響片,並且給牠零嘴讓牠不斷接受鼓舞。

運用目標物

教導狗狗跟著目標物移動，重點在於告訴牠何時、何處，以及如何跟目標物互動。目標棒和目標標記都是做此用途，但兩個工具適合的情況有所不同，目標棒適合用於創造動態路線。

鼻子觸碰目標物

在目標棒的尾端插上一顆球，讓目標變明顯，也更方便狗狗碰觸。用同一隻手拿好目標棒和響片，將目標棒向狗狗伸過去，一旦狗狗的鼻子碰到球，就按下響片，然後把獎品丟遠一點，於是，狗狗得要跑回來才能再次碰到球。反覆練習，最後在按響片之前，加入口頭指令「碰」。

站立和鞠躬

一旦狗狗學會靈活地跟隨目標棒，你便掌握了指揮狗狗特技的仙女棒。比方說抬高目標棒，激發狗狗用後腿站立的動作，或者把目標棒放在狗狗兩隻前腳的中間，引導牠鞠躬。同時，它也可協助狗狗轉圈更順利，或者用來訓練抬高膝蓋的跑步。

手掌動作

在目標棒的另一端黏上一個塑膠或木板，最理想的是扁平、長方形的板子，藉以支撐狗狗的手掌。接著向狗狗伸出，並號令狗狗「握手」（36頁）。當狗狗碰到的時候，按響片，然後給獎賞，反覆練習。

命中目標

- 訓練狗狗用腳或鼻子碰一下目標標記板。

這個目標標記板是用來告訴狗狗走到某個特定位置，或者到某個特定的地點，或者以特定的方式去碰觸一個物品。跟目標棒一樣，目標標記也可以特別指示狗狗以手或者鼻子去碰觸。

訓練要訣

- 若狗狗啃咬目標棒，你要拿好棒子，直到狗狗感到無聊時而放開。這時候，按響片，然後獎勵牠。
- 要求狗狗用鼻子或是腳去碰觸目標，必須使用不同的口頭指令，避免混淆。

1 選擇一個小墊子或塑膠片當作鼻子的目標標記板，放在地上，號令狗狗「等等」（30頁），接著把一個零嘴放在目標標記板上。

2 鼓勵狗狗去吃零食，當牠的鼻子碰到標記板，就按響片給獎賞。反覆練習並加入口頭指令「鼻子」。接著，試試看不放任何的誘餌在板子上，倘若狗狗仍然去碰一下，就按響片，然後把獎品丟離記號板，反覆練習。要是狗狗看到沒有食物就不過去碰目標標記板，那就重頭來過，再把零嘴放在板子上多練習幾次。

3 拿一個大一點的墊子，當作狗狗腳的標記板。號令狗狗等待，把食物放在墊子較遠的邊緣上，讓狗狗去吃。當牠為了吃到食物而兩隻前腳都踩在墊子上時，就按下響片。反覆練習並加入口頭指令「就定位」。最後，嘗試在板子上不放食物，假使牠學會用兩腳踩在墊子上，就按響片給予獎賞，要是牠還沒學會，不要氣餒，繼續練習。

我丟你撿

訓練重點

• 訓練狗狗把主人丟出去的東西撿回來,交給主人。

跟狗狗互動和玩遊戲,不但能讓人放鬆,同時也是養寵物最珍貴的一部分。但是,要是狗狗一咬到玩具後就遠走高飛,可想而知,你跟牠的互動過程必定艱難萬分。所以,訓練狗狗把東西乖乖交回來,不但可以化解這個窘境,也可成為特技寶庫裡的一項表演。

狗狗個性千百種,有些狗會自動歸還東西,有些狗就是不愛用嘴巴咬任何東西,例如鎗獵犬(Gun Dogs)的血液裡就有這種特質,而玩賞犬(Toy Breeds)總是滿嘴咬。這些特點不但都要考慮進來,還要看狗狗喜歡咬什麼東西。有些狗什麼都放進嘴裡咬,而有些狗就只咬柔軟或塑膠的玩具。

若狗狗已經學會用鼻子觸碰目標板(102頁),那學這個把戲就易如反掌。

1 先給狗狗看一下你要牠咬的物品,等牠靠近聞的時候,就按響片給獎賞。接著,再把玩具秀給牠看,不過這次直到牠用嘴咬住時才按響片,然後獎賞。

2 逐漸延後按響片的時間,也加長狗狗咬住玩具的時間。當牠咬住幾秒之後,試試看能否讓牠放下玩具,一旦牠丟下玩具時,就按下響片給獎品。在牠放下玩具之後,等待牠自己再撿起玩具來,若牠的確這麼做的話,按響片,然後嘉獎牠。

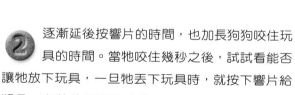

3 把玩具放在地板上，若狗狗撿起來，就按響片給獎品。若牠沒有這麼做的話，不要生氣，先回到前一個步驟，多練習幾次。當狗狗能夠自在地撿起玩具並咬著時，試著把玩具放到遠一點的地方去。

4 等到狗狗咬著玩具靠近你一步時，再按響片。狗狗一般會丟下玩具，然後跑向你領賞。現在，等待狗狗走回去再次把玩具撿起來，當牠真的咬起玩具時，等牠靠你更近的時候，再按響片。反覆這個過程，多練習幾遍。

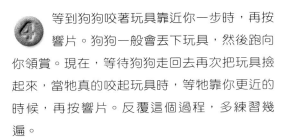

5 慢慢地增加狗狗咬起玩具，無須停頓的就走到你面前的過程。一旦牠成功，就可加入口頭指令「撿起來」。最後，訓練狗狗咬住玩具，直到你伸手時再交給你。當狗狗咬著玩具走向你，牠多半在聽到響片聲時，會半途丟下玩具等著領獎。只要先不要給牠獎品，牠應該會試著再次撿起玩具要交給你。這時候，默默的把玩具收下，然後給牠零嘴。

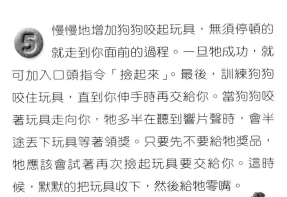

🐾 訓練要訣

- 選玩具時，要仔細挑選合適的尺寸、重量以及材質，是不是適合你家狗狗。
- 若狗狗咬著玩具時，只要你延後按響片的時間，便能延長牠咬著玩具行走的距離。盡量在牠幾乎要放下玩具時，按下響片。
- 若狗狗在你按響片之前不小心掉了玩具，牠應該會再次撿起玩具。若是如此，等牠撿起時，可以再按響片給獎賞。
- 等到狗狗完全明白整套任務後，最後一步才加入口頭指令。要不然牠可能誤以為，這個「撿起來」的指令，指的是叫牠咬玩具、啃玩具，或者丟下玩具等一會兒的動作。

⭐ 放開練習

有種普遍的狀況是，狗狗被同時要求「撿起來」以及「放開」。這常導致狗狗摸不著頭緒，不知道到底該咬起還是放下玩具，所以應該把這兩個動作的訓練分開。訓練狗狗「放開」動作時，建議使用拉扯玩具，這樣你可以控制玩具的另一端。先激烈的跟狗狗玩互拉，然後號令牠「放開」。這時，你要抓緊玩具，保持控制，直到狗狗鬆口，然後再按響片給獎品。這個動作可以從狗狗小的時候開始訓練。

自由發揮

響片訓練法的奇妙之處,在於它所推崇的雙
向互動以及彈性學習。它啟發狗狗的最大功
效,出現在狗狗擁有自由發揮的機會時。在
這一章裡,你要鼓勵狗狗自己思考,嘗試做
出各種新鮮的動作,並且創造出贏取獎品的
花招。這同時也能強化狗狗的自信心和好奇
心,改善牠的理解力,以及學習力。不僅如
此,還能增進你對狗狗的了解,知道牠喜歡
什麼動作,偏好用鼻子還是腳,以及讚嘆牠
有多麼的聰明。

自由發揮賦予狗狗機會,讓牠向你展示牠的
才藝,你可以獎賞牠,並進而轉變為一項特
技。採用道具或不用道具,也會帶來千變萬
化的點子。

① 在地上放好道具,比方這裡所
用的籃子。接著你坐在地上,
準備好一罐子的零嘴,好讓狗狗知道
現在是自由發揮的時間了。牠會馬上
知道該輪牠上陣,盡情發揮,贏得獎
賞的時候了。你可以丟個零嘴在籃子
裡,暗示牠你對這個物品有興趣。現
在,只需靜靜地等待。圖片上,你看
到喜樂蒂跳進了籃子裡,在牠吃到零
嘴之前,按一下響片。

② 我們繼續等待，看看牠接下來會想到什麼動作，結果，牠用前腳撐在籃框邊站立。對於牠發明的這個新動作，按下響片，並丟個零嘴在地上獎勵牠。

③ 接著，牠用單手撐在籃子的把手上。同樣的，這個自創的動作十分值得嘉獎，所以按響片，給獎品。

④ 現在，牠再次的跳進籃子裡趴好，同樣的按響片，給獎品。繼續的用零嘴來獎勵不同的自發性動作，發掘狗狗無限的創意。

⑤ 你可以「鎖定」某個動作，同時只獎勵這個動作。比方說，你希望牠的兩腳都撐在籃子的把手上，所以當你看到牠的雙腳都撐在把手時，才按響片，最後再加入口頭指令。這樣一來，你便可以在未來號令牠來執行這個特定的動作。

 訓練要訣

- 在自由發揮的時間裡，持續讓狗狗表演不同的動作來保持流動感。你可以往不同方向扔零嘴。
- 不要太快的「鎖定」某個動作，這樣狗狗可能會卡在那裡，並且不再繼續發明新動作。
- 慷慨地獎賞狗狗，建立牠的信心，激發牠的創意。
- 你要靜止不動同時保持安靜，將控制權完全交給狗狗。
- 剛接受訓練不久，或者對於自由發揮不熟悉的狗狗，和有經驗的狗狗相比，牠即興演出的花樣比較少。因為牠們所學的尚不足以構成特技寶庫，所以能引用的表演素材比較少。
- 記得要多多觀察你家狗狗的一舉一動。

 捕捉瞬間

響片可以用來「捕捉」狗狗的自發性行為。藉由觀察狗狗的一舉一動，你可以掌握牠常做的動作。隨時準備好響片，用來標記像是打哈欠、伸懶腰，還有抓癢等動作。反覆練習並加入口令，以便在未來需要的時候，發號司令，要求狗狗重現這個動作。

一起玩球吧！

大部分的狗狗都是球痴，所以所有跟球有關的小把戲都會讓狗狗愛不釋手。教狗狗踢足球對你跟狗狗來說都是一大樂趣，而且家人和朋友也能一起參加。

以特技來說，選擇合適的球很重要。它不能太重，砸到狗狗時不致於害牠受傷；其次，它的硬度要能夠承受住狗狗的重量，尤其在狗狗特別粗暴的玩耍時；另外，還要夠大，讓狗狗沒辦法一口叼起來，咬在嘴裡。

若狗狗已經知道如何用鼻子碰觸目標物（參考 102 頁），那這個把戲對牠來說不成問題。要讓狗狗知道這是個以鼻子演出的把戲，這樣牠比較不會用嘴巴咬球。

① 號令狗狗坐下等待，讓牠看著你把零嘴放在地上，然後把球壓在零嘴上面。

②　叫狗狗去咬零嘴，一旦牠的鼻子推開了球，就按下響片，讓牠咬走球下面的獎品。

訓練要訣

- 當你不再放零嘴後，若狗狗一動也不動，不去推球的話，先等一等。耐心等待且不用擔心是不是得發出號令，牠需要的只是一兩分鐘的思考時間。
- 若狗狗不斷的咬球，你要讓牠知道，用鼻子才能獲得獎賞。所以只在牠用鼻子推球的時候，才按響片，若牠用嘴咬，就不要鼓勵牠。

③　反覆這個過程，快速地把零嘴放在球下面，建立流暢的動態感。這樣會鼓勵狗狗站起身來並走向球來。

⭐ 達陣

　　當狗狗知道如何聽從指令推球之後，讓我們加入「達陣」的訓練，增加趣味性。雙腳打開，靠近狗狗站立，號令牠「推球」，若牠能把球推超過你的雙腳，就按下響片給予獎賞。反覆練習，直到狗狗了解你的要求。同樣的，你也可以加入口頭指令「射門」或「達陣」，並且慢慢拉大狗狗需要推球的距離。

④　當狗狗有了概念之後，試著不在球下面放任何零嘴。當狗狗用鼻子去推動球的時候，馬上按下響片，並把獎賞丟給牠，以保持整個動作的流暢性。當牠懂得熟練地推球之後，加入口頭指令「推球」。接下來，在牠多推了兩三下之後，才按響片。藉由延後按響片的時間，好讓牠推得再遠一些。

頭球高手

訓練重點

• 主人丟球給狗狗，訓練狗狗用頭槌球，反彈
  回給主人接住。

狗狗學會推球（108頁）之後，頭球的動作自然難
不倒牠。這下子，你來我往的的足球比賽就能正式
開打。

不要期待狗狗以我們的方式用頭頂球，牠通常是用
鼻嘴去槌球，而且一看到球丟過來的時候，還會張
大嘴巴去咬球。

這個表演若要夠炫，你要能夠把球丟得恰到好處，
而且剛好在牠的頭頂上，讓牠能用頭槌球。若你丟
得愈好，牠愈能準確地把球頂回來，你也比較容易
接住。

1 用手拿好球，往外推
到狗狗面前，號令牠
「推球」（參考108頁）。當
牠用鼻子輕推球時，就按響
片給獎賞。重複這個練習，
直到狗狗建立推球的信心。

2 號令狗狗「坐
下、等等」（參考
30頁），然後離開牠幾
步遠。當牠注視著你
時，將球丟到牠的頭部
上方，並發出指令「推
球」。

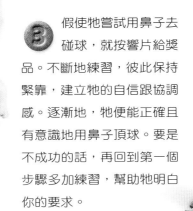

3 假使牠嘗試用鼻子去碰球，就按響片給獎品。不斷地練習，彼此保持緊靠，建立牠的自信跟協調感。逐漸地，牠便能正確且有意識地用鼻子頂球。要是不成功的話，再回到第一個步驟多加練習，幫助牠明白你的要求。

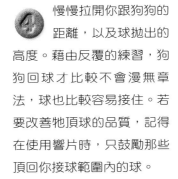

4 慢慢拉開你跟狗狗的距離，以及球拋出的高度。藉由反覆的練習，狗狗回球才比較不會漫無章法，球也比較容易接住。若要改善牠頂球的品質，記得在使用響片時，只鼓勵那些頂回你接球範圍內的球。

⭐ 追追追

狗狗對球情有獨鍾，因為球刺激了牠們狩獵的動力。在野地裡，狗狗會獵捕食物，而要辨識出食物的簡易方式，就是找尋移動的物體。通常，會動的就是活的，而活的就代表美味佳餚。球看起來活靈活現，立刻激發了狗狗的本能，引起牠們追逐的欲望。其他的玩具，丟到地上就不動了，狗狗很快就失去興趣。

滾球大賽

在嘗試這個把戲之前，確定狗狗已經學會聽
從指令握手（36頁），同時也要檢查球夠
大，並且能夠支撐狗狗的重量。若是充氣式
的球，要確保球夠結實，當狗狗按在上方時
不會洩氣，同時易於滾動。

挑選一個平坦的表面來教這個把戲，在狗狗
滾球時，要能沒有阻力，輕易滾動。

 面對狗狗跪下，把球放在你跟
牠之間。穩穩的固定好球，並
號令狗狗「握手」（36頁），當牠把手
放在球上面，就按響片並給獎賞。以
同樣的方式重複訓練兩隻腳。

★ 腳步

　　所有的小狗都會自然地用腳掌去探查新的
物體。這種安全機制，幫助狗狗有效地把新玩
意控制在雙腳以外的距離，直到確定這些新玩
意不具威脅性。觀察小狗發現一隻瓢蟲時的動
作：牠會用腳掌去戳它，如果這隻小蟲會叮人
或移動時，小狗早已準備好逃之天天。這樣一
來，牠才能確保敏感的鼻子不受到侵害。很多
老一點的狗狗已經很少使用腳掌，一來可能遺
忘了這個動作，甚至有過因為使用腳掌而遭受
懲罰的經驗。比方說，用腳搭在傢俱上，或者
站著撐在主人的腿上時被罵。

2 仍然穩住球，叫狗狗雙腳放在球上。先叫牠握左手，當牠左腳搭在球上面時，再要求牠握右手。等待狗狗想出法子，當牠的確把雙腳都搭在球上時，就按響片給獎賞。若牠搞不懂的話，先回到第一步驟再多練習幾次。一旦狗狗能順利把雙腳都踩在球上時，在按響片之前，加入口頭指令「滾球」。

3 當狗狗學會聽從口令表演時，你可以站起身子，不過仍先用腳穩住球，不讓球滾動。

訓練要訣

- 剛開始要穩穩的把球固定，幫助狗狗建立信心。在狗狗真的學會之前，不要輕易的放開球。
- 狗狗不可能一開始就控制好球，所以要確保周遭都淨空，以避免狗狗不小心撞到東西。

4 現在試著放開球，讓球滾動，若狗狗能夠隨著球的移動而跟著移動，即便只是一小步，就按響片給獎品。反覆練習，等到狗狗能夠愈滾愈久的時候，再按響片獎勵。循序漸進，直到狗狗可以自己滾球為止。

登台領獎

訓練重點
• 訓練狗狗把前腳放在台子上，固定中心點繞圈，保持面向主人。

這個特技是先前時鐘練習的延伸，訓練狗狗不管你怎麼移動，牠都隨時面向你（64頁）。

看你有什麼道具好讓狗狗的前腳能夠有依靠，同時也可以延伸這個訓練讓狗狗四隻腳都站在上面。這個台子最好是圓形的，這樣狗狗可以輕鬆的繞圈而不用擔心有轉角。另外，台子要堅固、穩定，並且不會滑，例如腳凳就很理想。

① 把零嘴放在腳凳上，讓狗狗知道這是你感興趣的東西。當牠鼻子一碰到腳凳，就按響片並讓牠咬走零嘴。

★ 知「狗」善任

當你了解響片訓練的技巧和原則之後，會發現有許多的把戲可用不同的方式來訓練。你所採用的方式，會決定狗狗對於響片訓練的理解程度、牠已經具備的能力，以及牠本身偏好的動作。成功的訓練來自於了解狗狗，同時得知道如何向牠正確無誤的表達你的要求。

② 現在手拿零嘴，等待幾分鐘，讓狗狗自己思索如何得到獎品。狗狗最普遍的反應是把一隻腳掌放在凳子上，倘若牠沒這麼做，就號令牠「握手」（36頁），一旦牠的腳碰到了腳凳，就按響片並丟給牠一個獎賞，反覆練習。

③ 接下來，要求牠雙腳站在腳凳上。當牠用一腳靠在腳凳上時，你可以等牠把另一腳也靠上來後，再按響片。或者，在牠一腳靠在腳凳上時，引導牠握手，好讓牠把另一腳也靠上來。當兩腳都在腳凳上時，按下響片，丟獎品給牠。反覆練習，當牠領悟之後，在你按下響片之前，加入口令「上台」。

訓練要訣

- 訓練站在腳凳上的把戲之前，先確認狗狗已經學會在平地上「面對面」的技巧（64頁），才開始在腳凳上做練習。
- 練習在腳凳上從左右兩個方向來繞圈。
- 這個把戲可以在「自由發揮」（106頁）的時間裡訓練，使用腳凳當道具。當狗狗把腳掌放在腳凳上或有任何動作時，按下響片。
- 若要訓練狗狗四隻腳都踏上腳凳的話，等待牠試著跳到腳凳上時，才按響片。

④ 現在站在狗狗對面，開始訓練牠轉圈，你面對牠並逆時針跨步，並叫牠「面對面」。當牠移動後腿，擺動後半身來面對你時，就按響片並給牠獎賞。

⑤ 再跨一步，重複練習，然後將按響片的時間延後，讓狗狗能逐漸完整的轉完一圈，甚至更多圈。

睡覺覺

訓練重點

● 訓練狗狗聽從命令，走到牠的狗窩裡躺下。

★ 可轉換的技巧

　　在這個任務裡，事實上，狗窩的被墊變成了一個目標標記物。之前狗狗曾經學過，只要用腳碰到了目標標記物，就會得到獎品。一旦牠能連結獎賞與目標物，就可以轉移到不同的地方和情況下練習。而這個任務所要連結的行為，是希望狗狗躺進被窩裡並且安定下來。

這個訓練不但有實際的功能，也具有演出的娛樂效果。試想，在一片慌亂之中，若能輕鬆地叫狗狗回去牠的窩，乖乖的待著，那有多好。狗狗若能不找麻煩的平靜下來，同時開心地待在狗窩裡，那真是太棒了！但是要能完成這個訓練，最重要的是：要以正面的方式教導狗狗，而不是在生氣的情況下趕牠回狗窩。這樣的話，牠才知道回到牠的狗窩是美好的，會帶來獎賞，也不會用盡心思想離開位置。

訓練狗狗「睡覺覺」並不難，只要把它視為目標標記物訓練的延伸（103頁）即可。在這裡，先拿狗窩裡的被墊當作目標標記物。

🐾 訓練要訣

● 一開始，要求狗狗以最短的距離回到牠的窩，等牠了解這個訓練後，即便牠的床被移到了不同的房間，或不同的情境下，狗狗也能找到它。

● 不要期望狗狗在你換了被墊後，還能知道你的要求。年輕或沒有經驗的狗狗，往往無法舉一反三；較老的狗狗或許能輕鬆地弄明白。若你發現狗狗有任何的疑惑，最好使用新的被墊，再來訓練牠，以更新牠的記憶。

① 號令狗狗等等（30頁），放置被墊在牠面前幾步遠的地上，隔著被墊站在狗狗的面對，把零嘴放在被墊邊上靠近你的那一側。叫喚狗狗，當牠的腳（最好是四隻腳）踩在被墊上，而還沒咬到零嘴時，按下響片，然後反覆練習。

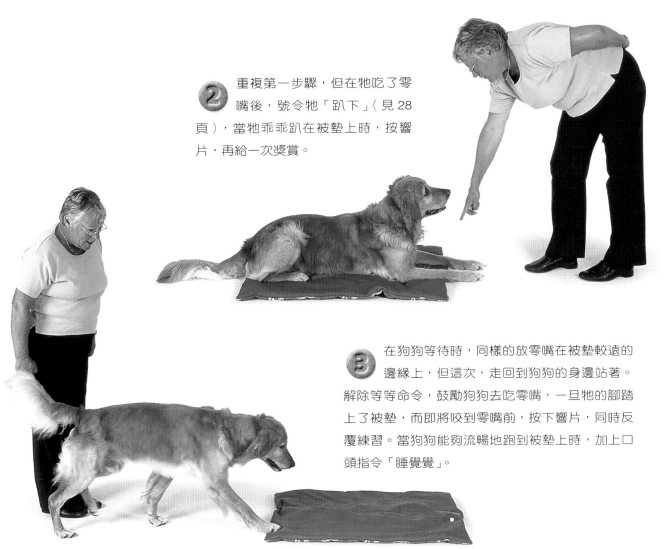

②　重複第一步驟，但在牠吃了零嘴後，號令牠「趴下」（見 28 頁），當牠乖乖趴在被墊上時，按響片，再給一次獎賞。

③　在狗狗等待時，同樣的放零嘴在被墊較遠的邊緣上，但這次，走回到狗狗的身邊站著。解除等等命令，鼓勵狗狗去吃零嘴，一旦牠的腳踏上了被墊，而即將咬到零嘴前，按下響片，同時反覆練習。當狗狗能夠流暢地跑到被墊上時，加上口頭指令「睡覺覺」。

④　現在，重複第三個步驟，讓狗狗到被墊上，告訴牠「睡覺覺」，然後號令牠「趴下」，一旦牠乖乖躺下，就按響片給獎賞。直到狗狗了解這個訓練後，停止擺放零嘴在被墊上的動作。

⑤　接下來，你可以把這個被墊放在牠的狗窩裡、車子裡，或者任何你希望牠安分下來的地方。透過「睡覺覺」的口令，牠應該學會了走到被墊這個定點上，然後放鬆一下！

溜滑板

訓練重點

- 訓練狗狗前腳放在滑板上，然後溜滑板。

只要狗狗會用腳碰觸目標標記物（103 頁），把它應用在滑板特技上，簡直如魚得水。相同的概念可以輕鬆應用在任何物品上，只要把目標標記物放置在你希望狗狗用腳踏住的地方即可。選擇適合狗狗尺寸的滑板，而市面上也有適合小型犬的迷你滑板。這個特技需要耐心練習，好讓狗狗在正式滑動前，建立足夠的信心。

① 先確定狗狗對於腳踩住目標標記物的動作不陌生。將目標標記放在地上，並號令牠「就定位」（103頁），當牠雙腳踩上目標物時，按響片，然後把獎賞丟給牠，接著反覆練習。

★ 溜滑板

訓練狗狗溜滑板時，需要考慮一下場地地板的狀況。在一個過於粗糙或柔軟的地板上練習，小型犬可能會推不動滑板，而且沒興趣嘗試。相反的，在一個光滑、乾淨的路面上，狗狗便能輕鬆達到目標。若你擔心狗狗會因為滑板產生的聲音和有「翻車」恐懼，而感到緊張，那就穩健地反覆練習，並給牠一些機會去探索。有受過響片訓練的狗狗，通常比較有自信，因為牠們好奇的天性，是需要鼓勵以及嘉獎的。

2 現在把目標標記物放在滑板上，小心地擺好，同時穩穩地固定好滑板，確保它不會讓狗狗一踩就翹起來，驚嚇到狗狗。號令「就定位」，一旦牠雙腳放在滑板上的目標標記物上，就按響片，丟獎品給牠，再反覆練習。

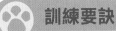
- 丟出零嘴時，必須讓狗狗離開滑板，然後再回到滑板上表演，以贏得下一個獎賞。這樣一來，牠可以建立連續的動作，並且在牠準備好時，滑板也能順利滑動。
- 若狗狗已經學會「滾球」（112頁），還有「上台」（114頁）的動作時，試著用「滑板、上台」的指令，幫助牠理解你的意思。
- 一旦狗狗知道溜滑板的訣竅後，你可以明顯發現牠偏愛用哪一邊來推滑板。當你教牠溜滑板時，要把這點記在心上。

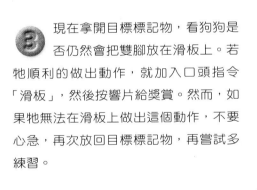

3 現在拿開目標標記物，看狗狗是否仍然會把雙腳放在滑板上。若牠順利的做出動作，就加入口頭指令「滑板」，然後按響片給獎賞。然而，如果牠無法在滑板上做出這個動作，不要心急，再次放回目標標記物，再嘗試多練習。

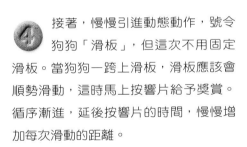

4 接著，慢慢引進動態動作，號令狗狗「滑板」，但這次不用固定滑板。當狗狗一跨上滑板，滑板應該會順勢滑動，這時馬上按響片給予獎賞。循序漸進，延後按響片的時間，慢慢增加每次滑動的距離。

打掃時間

訓練重點

- 訓練狗狗撿起垃圾，拿到垃圾桶去丟。

1 把垃圾桶放在你跟狗狗之間，放一個零嘴在桶子裡，鼓勵狗狗去吃。當牠把頭探進桶子裡，在即將碰到零嘴之前，按下響片，然後讓牠吃。反覆練習，以建立狗狗對這個道具的熟悉感。

2 現在在桶子裡放進「垃圾」，狗狗很可能會探頭進去瞧瞧，一旦牠用鼻子去搜索時，就按下響片，反覆練習幾次。

這個特技需要把許多的小把戲串聯起來，成為一組的連續動作，但是，每個分解動作需要事先分別訓練。首先，狗狗要學過聽從指令撿起物品，然後交給主人（104頁）的技巧。這裡個別的分解動作，要用「倒敘法」連結起來，也就是說，從最後一步開始教，然後以回推的方式累積動作。所以，狗狗每次會被要求往前再多做一個動作，直到牠了解之前所學的，也就是贏得獎賞的那個步驟。小心挑選你要使用的垃圾桶，以及要放進去的垃圾，兩個都要適合狗狗。桶子必須稍微低於牠的下巴，同時方便牠探頭進去。要是狗狗碰不到桶子的最底部，可以用東西墊高做一個底部，狗狗才能咬得到垃圾。為了呈現出比較好的效果，成為道具的垃圾，材質得是狗狗願意用嘴巴咬的才行。這裡我們用的是揉成一球的白紙團。

訓練要訣

- 讓狗狗自行想透這個問題，靜靜等個一分鐘，不給予任何指令或響片。當然，除非狗狗做出值得獎賞的動作。
- 集中精力幫助狗狗建立垃圾桶與紙團之間的關聯。

③ 這次，還是等待狗狗去探索「垃圾」，但是在牠用鼻子去碰時，先不要按響片。等到牠用嘴巴去咬時，再按響片。試著在牠咬住垃圾，鼻嘴還在垃圾桶上方時，就按響片給獎賞。這樣一來，牠就不得不鬆開嘴上所咬的垃圾，來領取獎賞，垃圾也就掉回桶子裡，然後再反覆練習幾次。

④ 接著把「垃圾」放在桶子旁邊，讓狗狗去動腦筋，想一想你的要求是什麼。剛開始時，若牠用鼻子去碰，或咬起紙團時，就按下響片給獎品。隨後則先不按響片，這時牠只好試著做些新動作，來贏取你的獎賞。嘉獎那些對於達成任務有幫助的動作，比方說，咬起紙團，向垃圾桶前進一步，或者牠再次把頭探進桶子裡。

★ 響片的功效

使用響片來訓練狗狗的特技，比方要求牠把垃圾丟進桶子裡，只要你給狗狗足夠的思考時間，其實一點都不難。你的任務在於給牠足夠的線索，引領牠邁向最終的目標。當你按響片時，實際上意味著「太棒了，愈來愈接近目標囉！」而不按的時候，就是激勵狗狗繼續嘗試，告訴牠獎賞就在不遠處的意思。一旦狗狗了解響片的意義，即使不按響片，也會有相當的威力。因為響片是用來延長或修飾一種行為的代表，或者，在分階段塑造行為時，也是一項不可或缺的工具。

⑤ 漸漸地，狗狗應該會清楚知道，鼻子探入桶子裡，或者咬起地上的「垃圾」，都是中獎的方式。最後，當牠終於成功的把垃圾放入桶子裡時，按響片，並且讓牠感覺像是中樂透一樣，給牠豐富的獎品和讚揚。記得要不斷練習，最後加入口頭指令「丟垃圾」。

購物大車拼

訓練重點

- 訓練狗狗提著籃子放在物品旁邊,然後把「戰利品」放進籃子裡,提回來給主人。

★ 事前計畫

　　教導複雜的連續動作時,別忘了先挪出幾分鐘,寫下狗狗必須做出的每個步驟。每個步驟都要個別訓練,舉例說,狗狗已經學會走到地墊的位置,但這並不表示牠就知道要把墊子上的東西咬回來。記下每個步驟,可以幫助你擬定訓練內容。先從最難的步驟下手,你也比較能清楚看出問題出在哪裡。

　　這個特技十分複雜,牽涉很多狗狗之前學過的動作。在開始之前,先檢驗一下狗狗已經學會返還物品(104頁)、前往目標標記物(103頁),以及丟垃圾的把戲(120頁)。

　　狗狗必須先學會五個分別的動作,然後再依照正確的順序來表演。無論如何,像這樣的高階特技,需要時間和多做練習。記得每次只專注於一個步驟,免得狗狗受到精神轟炸,大感吃不消。

　　選一個底部較寬的籃子,而且很穩、不易翻倒,還有較長的把手,這樣才有助於狗狗咬住,同時也方便牠放進或取出物品。在開始整個訓練之前,先讓狗狗咬住籃子的把手,維持不動。

① 讓狗狗處在等等的姿勢(30頁),在幾步遠的目標地墊上放置一個空的籃子。號令狗狗去取籃子,若狗狗成功將籃子咬來給你,就按響片給獎品,反覆練習直到熟練。

② 讓狗狗咬住籃子,也跟牠一同走向目標地墊,並號令牠「放開」(105頁),當牠把籃子留在地墊上,就按響片給獎賞,同樣的反覆練習。

訓練要訣

- 最好先從籃子的部分開始訓練，因為狗狗通常對籃子興趣缺缺。這樣一來，在你引進血拚物品之前，狗狗已經學會提籃子所帶來的獎賞。要不然的話，狗狗往往熱衷於直接咬起物品，交還給主人，而把籃子拋在一邊。

- 目標地墊用來指明你要狗狗前往的地方，以及籃子所放置的位置。而當「血拚物品」引進訓練時，就可移除地墊，因為狗狗知道這個物品便是牠要前往拿取的目標物。

3 現在，號令狗狗咬住籃子，自己走向目標地墊，一旦牠咬著籃子踩上地墊，不管站立或坐著，按響片，再走向狗狗給獎品。反覆練習，並試著連結這三個步驟。

4 接著，應用先前把垃圾放進桶子的技巧，練習把物品放進籃子的步驟。把物品放在籃子旁邊，只有在狗狗正確地把物品咬起、放進籃子後，才給予獎勵。當狗狗幾乎達成目標，或者完成任務時，就按響片給獎品。

5 最後，教狗狗提回籃子。狗狗先待在你的腿邊，然後叫牠去取回放有物品的籃子。要是狗狗做對了，試著把所有教過的步驟串起來。開始時，先跟牠一起「逛街」，然後派牠去墊子那邊拿取籃子，接下來慢慢加入其他「購物」步驟，完成整個過程。最終，你可以待在遠處派遣牠，而不需要跟著牠。

愛現時間，大秀才藝

現在你已經精通各種特技，狗狗也練就了十八般武藝，該找個機會愛現一下囉！何不隨著音樂起舞，來表演一下吧！教狗狗跟隨你的腳步，或者自由起舞。

跟隨腳步起舞是一種新興的狗狗才藝表演項目，它其實是從腿後跟隨動作衍生出來的。1990年瑪莉 · 蕾將音樂搭配於她的跟隨表演，而將這個項目帶上舞台。這個概念是將狗狗傳統的服從訓練，轉變成為對觀眾來說，更為有趣、且容易接受的表演項目，它也大力突顯出狗狗和訓練師之間的節奏感與韻律感。這個演出抓住了世界訓練師的目光，也宣布了一個嶄新的狗狗才藝項目的誕生。

第一次的比賽在幾年後舉行，而這個運動也發展出兩種不同的項目：第一種是隨著音樂做出跟隨動作（或稱之為 HTM），這是搭配音樂而演出的傳統服從動作；另一種是自由演出（Freestyle），針對一個主題，以創意和跳舞般的動作，讓狗狗和訓練師之間隨性演出協調動作，例如瑪莉蕾在英國克魯夫名犬賽（Crufts）裡的著名演出。這兩種類別的演出，評審所尋找的是「狗人合一」的協調感，以及對音樂的完美詮釋。

查詢競賽相關資訊

在你投入表演舞台之前，先確定你對狗狗有良好的掌控能力，同時擁有基本的跟隨技巧，以及其他基礎的動作，像是轉圈等。在英國，開場的表演通常沒有規定的演出項目，但有些國家則會要求表演某些特定項目。

觀摩一些課程，了解哪些是標準的要求，同時探聽一下參賽者都表演些什麼動作跟項目。詢問你家附近的狗狗俱樂部，探聽有沒有 HTM 同好，或者有訓練師可以來進一步協助你。若是沒有的

話，試著聯絡主要的 HTM/Freestyle 相關機構。

頂尖表演

確保你跟狗狗能在表演場上奪得先機，你得做些功課。評估狗狗偏愛的動作，來方便你挑選恰當的音樂。最好選一個耳熟能詳，但還沒過度被濫用的音樂。音樂本身通常有搭配的動作，最好先把想法勾勒在紙上，以確保動作編排的流暢度，同時完全利用整個演出場地的空間。

選擇一個簡單的服飾來和表演搭配，但切記不要蓋過表演的光芒。最後，除了練習之外，只有練習、再練習。別說我沒有提醒你，這個競賽可會讓你一試上癮喔！

敏捷度訓練

要是 HTM 不合你的胃口，何不嘗試看看敏捷度競賽？具備良好、全方位的基本訓練，還懂得跳躍，以及穿梭技巧的狗狗，基本上已經成功了一半。這個訓練，不但能幫助你和狗狗健身，也能消耗牠過度的犬類精力——它往往是問題行為的起因。幾乎所有的狗狗可以大膽一試，不管只是好玩，或者在競賽中一較高下。大部分的狗狗訓練中心都會提供敏捷度訓練，你還再等什麼呢！

愛犬特訓班 Dog Tricks
Fun and games for your clever canine

作　　者	瑪莉・蕾（Mary Ray）、賈絲汀・哈定（Justine Harding）
譯　　者	李怡君
發 行 人	林敬彬
主　　編	楊安瑜
編　　輯	蔡穎如
內頁編排	帛格有限公司
封面設計	帛格有限公司
出　　版	大都會文化　行政院新聞局北市業字第 89 號
發　　行	大都會文化事業有限公司
	110 台北市信義區基隆路一段 432 號 4 樓之 9
	讀者服務專線：（02）27235216
	讀者服務傳真：（02）27235220
	電子郵件信箱：metro@ms21.hinet.net
	網　　　址：www.metrobook.com.tw
郵政劃撥	14050529　大都會文化事業有限公司
出版日期	2009年1月初版一刷　2009年9月初版二刷
定　　價	280 元
I S B N	978-986-6846-57-1
書　　號	Pets-014

Metropolitan Culture Enterprise Co., Ltd.
4F-9, Double Hero Bldg., 432, Keelung Rd., Sec. 1,Taipei 110, Taiwan
Tel:+886-2-2723-5216　Fax:+886-2-2723-5220
E-mail:metro@ms21.hinet.net
Web-site:www.metrobook.com.tw

First published in 2006 under the title Dog Tricks
by Hamlyn, part of Octopus Publishing Group Ltd
2-4 Heron Quays, Docklands, London E14 4JP

大都會文化
METROPOLITAN CULTURE

國家圖書館出版品預行編目資料

愛犬特訓班 / 瑪莉蕾（Mary Ray），賈絲汀哈定（Justine
　Harding）著；李怡君 譯 .-- 初版 .-- 臺北市：大都會文
　化 , 2009.01
　　面；　公分 . -- (Pets; 14)
譯自：Dog Tricks : Fun and games for your clever canine
ISBN 978-986-6846-57-1（平裝）
1. 犬訓練

437.354　　　　　　　　　　　　　　　　97024017

愛犬 *Dog Tricks* 特訓班
Fun and games for your clever canine

北 區 郵 政 管 理 局
登記證北台字第 9125 號
免　貼　郵　票

大都會文化事業有限公司
讀者服務部收

110 台北市基隆路一段 432 號 4 樓之 9

寄回這張服務卡 (免貼郵票)
您可以：
◎ 不定期收到最新出版訊息
◎ 參加各項回饋優惠活動

大都會文化 讀者服務卡

書名：愛犬特訓班

謝謝您選擇了這本書！期待您的支持與建議，讓我們能有更多聯繫與互動的機會。
日後您將可不定期收到本公司的新書資訊及特惠活動訊息。

A. 您在何時購得本書：_____年_____月_____日

B. 您在何處購得本書：_____書店，位於_____(市、縣)

C. 您從哪裡得知本書的消息：
　　1.□書店　2.□報章雜誌　3.□電台活動　4.□網路資訊
　　5.□書籤宣傳品等　6.□親友介紹　7.□書評　8.□其他

D. 您購買本書的動機：（可複選）
　　1.□對主題或內容感興趣　2.□工作需要　3.□生活需要
　　4.□自我進修　5.□內容為流行熱門話題　6.□其他

E. 您最喜歡本書的：（可複選）
　　1.□內容題材　2.□字體大小　3.□翻譯文筆　4.□封面　5.□編排方式　6.□其他

F. 您認為本書的封面：1.□非常出色　2.□普通　3.□毫不起眼　4.□其他

G. 您認為本書的編排：1.□非常出色　2.□普通　3.□毫不起眼　4.□其他

H. 您通常以哪些方式購書:(可複選)
　　1.□逛書店　2.□書展　3.□劃撥郵購　4.□團體訂購　5.□網路購書　6.□其他

I. 您希望我們出版哪類書籍：（可複選）
　　1.□旅遊　2.□流行文化　3.□生活休閒　4.□美容保養　5.□散文小品
　　6.□科學新知　7.□藝術音樂　8.□致富理財　9.□工商企管　10.□科幻推理
　　11.□史哲類　12.□勵志傳記　13.□電影小說　14.□語言學習(_____語)
　　15.□幽默諧趣　16.□其他

J. 您對本書(系)的建議：

K. 您對本出版社的建議：

讀者小檔案

姓名：_____性別：□男 □女　生日：____年____月____日
年齡：1.□20 歲以下 2.□21—30 歲 3.□31—50 歲 4.□51 歲以上
職業：1.□學生 2.□軍公教 3.□大眾傳播 4.□服務業 5.□金融業 6.□製造業
　　　7.□資訊業 8.□自由業 9.□家管 10.□退休 11.□其他
學歷：□國小或以下 □國中 □高中／高職 □大學／大專 □研究所以上
通訊地址：_____
電話：(H)_____　(O)_____　傳真：_____
行動電話：_____ E-Mail：_____

◎謝謝您購買本書，也歡迎您加入我們的會員，請上大都會網站 www.metrobook.com.tw 登錄您的資料。您將不定期收
　到最新圖書優惠資訊和電子報。